超療癒造型甜點

Even
林憶雯 著

✦ 棉花糖小動物 × 造型戚風蛋糕 ✦

作者序
PREFACE

　　很多人因為喜歡吃甜點，而選擇從事甜點相關的工作。並非嗜甜者的我，則因為一次美好的邂逅，而推開造型甜點製作的大門。我原先的職業是電腦繪圖，喜歡在空白的世界創造美麗的圖案。直到被漂亮的甜點掃去生活上的疲憊感，我才開始思索如何把造型甜點做出更美好的呈現。

　　學會製作方法後，為了認識更多的食材，打造自己的專屬配方，我開始在甜點店、飯店工作，接觸第一手資料。我鮮少品嚐造型甜點是因為裝飾多以奶油為主，總覺得有些膩口。在深入了解製作甜點所採用的食材內容後，我在實際操作時，除了要求自己做出漂亮的外型，更是對材料百般挑選，力求成品的口感、味道，能讓品嚐到的人都擁有幸福的感覺。藉此打破大眾對於造型蛋糕只有外表但不實吃的舊有觀念，同時也能分享好的食材及蛋糕製作的技巧給更多的人。

　　我始終相信，可愛美味的甜點能夠療癒人心。

從專業繪圖師到甜點師，直到最後成為甜點製作老師，是很辛苦的一條路。如果單純靠著興趣走下去，不容易維持長久。我也曾經因為製作甜點太疲倦，導致身體出狀況而萌生退意。能憑著一股信念支撐到現在，我很感謝在烘焙路上一起努力的夥伴，以及鼓勵並幫忙我的貴人。雖然辛苦，但可以和有著相同理念的人一起努力向前邁進，是件讓人開心的事情。也很感謝一路上學生們的支持，這是驅使我前進的最大動力。所以在教學甜點製作時，我總是滿懷喜悅的將自己所研發的技術傳承給對方，期盼讓更多人品嚐這份甜美的滋味。

　　對甜點的這股熱情，我將呈現在這本書裡，希望能跟大家一起分享手作造型蛋糕的幸福感。

Even 林憶雯

Even 林憶雯

經歷

◆ 艾葳咖啡　甜點主廚
◆ ISPAVITA 飯店　甜點主廚
◆ 台糖研發料理師
◆ 莘莘烘培行負責人
◆ 果漾莊園果乾餅乾專案顧問

推薦序
FOREWORD

　　烘焙教室近十年以來，有如雨後春筍般的在台灣各地開枝散葉。烘焙教室提供給非烘焙業者一個學習的平台，讓喜歡烘焙的人也能滿足自己動手做的慾望。學習烘焙已經成為一種快樂而時尚的活動！

　　Even Lin 林憶雯老師作風親切平實，教學手法細膩，而且從不藏私的把關鍵的地方都仔細地指導。近年來，她以破解北海道名產「白色戀人」及「六花亭」而揚名業界，更因此成為我們果漾莊園在開發這兩項新產品的指導顧問。長久以來，當我們鎖定某一產品要開發成為果漾莊園的新產品時，我們都會特聘一位名師來專案指導，Even 老師是我們專案顧問群中，唯一非來自烘焙業的名師！

　　Even 老師這本「超療癒造型甜點」，以輕鬆、悠閒的氛圍帶出一些專業的甜點技藝，相信讀者在學習的過程中，也能享受充滿療癒的時光，快樂的烘焙！

果漾莊園國際食品有限公司　General Manager

王冠堯

　　現在的人生活緊張，工作忙碌。即便如此，因為注重食安問題，都會想要自己動手做食物。

　　而手作甜點，除了食安看得見外，同時也是在療癒負荷過重的身心靈。在健康手作甜點之餘，也注重成品外觀帶來的視覺享受。

　　Even 老師製作的甜點，除了健康美味以外，造型也都非常可愛！這本「超療癒造型甜點」，除了教大家用天然食材製作甜點，也教大家做出超療癒的可愛造型甜點。療癒自己，同時也療癒身邊的親友。

　　這是一本不管新手老手都一定要入手的甜點書，Jessica 真心推薦給大家。

110 食驗室

Jessica

人類雖已懂得解析色彩的排列與組合，但味道卻猶如量子糾纏般的令人捉摸不定。如果是味道才讓駱駝能在沙漠中找到綠洲。那麼人們對甜點可以療癒、改變心情的迷戀就不足為奇。

每個人都有自己的人生哲學與夢想，但最重要的是誰真正執行了它。到過 Even 老師家裡的實驗廚房，除了令人難以抗拒的烘焙香外，令人印象深刻的，就是牆上寫滿一行行想要讓甜點有溫度比例的參數與刻畫。因為她的執著讓大家再熟悉不過的戚風蛋糕、棉花糖以及馬卡龍融入了美味與療癒的線條。如今能將心血集結成冊，讓對甜點製作有熱情的朋友有了反覆學習的參照，實乃幸事。

百事益國際股份有限公司董事長 兼 史塔瑞麗有限公司董事長

林志青

- -

美味、美感兼具，令人感動的食物！

認識 Even 老師，是在自家餐廳聚會的時候，感覺上好像只是一位具有甜美氣質的女性。不禁讓我懷疑她真的是在廚房待過的人嗎？

但實際了解 Even 老師後，明白她是一位非常努力向上的女性。不怕困難及挫折，無時無刻都專注於研發產品，除了從事烘培專業工作多年，更教育他人做出很多美味感動的甜點。

與 Even 老師學過甜點的人，都會被她認真親切的態度感染到。做出的點心，吃在心裡都有滿滿的幸福感

綜觀本書，不僅務實有效，還非常的賞心悅目，真情的推薦「超療癒造型甜點」這本書！

日光徐徐餐飲有限公司董事長

徐富貴

CONTENTS
目錄

1

基本常識

BASIC
KNOWLEDGE

工具介紹

◆ 烤模類

5 吋戚風中空活動紙模

6 吋陽極固定模

6 吋陽極活動模

6 吋不沾固定模

6 吋天使不沾模

6 吋慕斯模

耐高溫矽膠烤模

Ⓐ 甜甜圈模

Ⓑ 咕咕霍芙模

◆ 測量類

Ⓒ 半圓模

量匙

電子秤

溫度計

◆ 攪拌類

分蛋器

打蛋器

手持攪拌器

均質機

◆ 刮刀類

一般刮刀

耐熱刮刀

刮板

Ⓐ軟、Ⓑ硬

抹面刀

◆ 烤盤類

烤箱

烤盤油

烘焙紙類

Ⓐ烘焙紙、Ⓑ烘焙布、
Ⓒ烘焙墊

◆ 網篩類

麵粉網篩

小網篩

◆ 擠花袋

拋棄式擠花袋

花嘴

Ⓐ泡芙嘴、Ⓑ圓形、
Ⓒ花型

◆ 造型類

翻糖壓模

餅乾模

Ⓐ圓形、Ⓑ星星、Ⓒ花型

◆ 其他

厚底鍋

軟毛刷

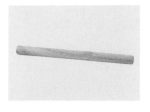

擀麵棍

材料介紹

低筋麵粉

糖粉

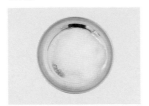

細砂糖　　　　　　　　砂糖　　　　　　　　純糖粉

鹽

日式太白粉

玉米粉

水麥芽

飲用水

液態油

吉利丁片

蛋（全蛋、蛋黃、蛋白）

鮮奶

濃縮牛乳

奶粉

香草醬

奶油

Ⓐ動物性鮮奶油

Ⓑ無鹽發酵奶油

酒品（ex. 檸檬酒）

堅果

Ⓐ杏仁、Ⓑ杏仁角

果汁（濃縮果汁）

天然色粉

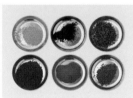

當季水果

果乾

果醬

巧克力

碎馬卡龍

茶包

造型製作材料

Ⓐ食用色粉

Ⓑ色膏

裝飾用材料

Ⓐ乾燥花

Ⓑ防潮糖粉

工具使用説明

◆ 烤模類

❶ 5 吋戚風中空紙模

紙做的中空模具。可直接拆開將蛋糕取出。

❷ 6 吋陽極固定模、6 吋陽極活動模

麵糊倒入模具前,先把模具全部噴油,或舖紙,方便蛋糕脫模。活動模底部可拆下,方便取出蛋糕。

❸ 6 吋不沾固定模、6 吋天使不沾模

不沾模模具設計,方便蛋糕脫模。麵糊倒入不沾模模具前,先底部噴油,能做出氣孔較小的蛋糕。不沾模也有助於蛋糕體的爬升。

❹ 6 吋慕斯模

用來製作慕斯蛋糕。將蛋糕體用慕斯模壓形後取出,加內餡後,堆疊成蛋糕。

❺ 耐高溫矽膠烤模(半圓模、甜甜圈模、咕咕霍芙模)

將麵糊倒入模具中,可做出不同造型。半圓模可承受最高 270°C 的溫度。

◆ 測量類

❶ 量匙

一組四個。有兩種單位,一是用大匙(T)和小匙(t)做單位;一個則是容量數不同的毫升(c.c)做單位。

❷ 電子秤

秤量食材重量的工具。有傳統磅秤與電子秤兩種。傳統磅秤價格便宜,但不易測量微小數據;電子秤的數據則相對精確。使用前,將指針歸零,並放置於水平桌面。

❸ 溫度計

烘焙專用的溫度計,非一般家用溫度計。能測量的溫度範圍,至少要在 0-200°C,甚至達 300°C 才足夠使用。用來測量油溫、水溫、麵團發酵溫度或融化食材時使用。

◆ 攪拌類

❶ 分蛋器
可將蛋白與蛋黃分離。

❷ 打蛋器
用來攪拌、打發或拌勻食材。常見的有瓜型、螺旋型及電動打蛋器。瓜型的用途最廣，可打蛋、拌勻食材及打發奶油、鮮奶油等，鋼圈數越多越容易打發。螺旋型則僅適用打蛋及鮮奶油。

❸ 手持攪拌器
手提式的電動攪拌器。要留意轉速，不要打太快，讓蛋白注入太多空氣，造成產品粗糙。

❹ 均質機
電動均質機可協助攪勻多種食材混雜的情況。

◆ 刮刀類

❶ 一般刮刀
用來拌勻食材或攪拌麵糊。

❷ 耐熱刮刀
前端是耐熱材質，可以接受高溫食材的攪拌。

❸ 刮板（軟、硬）
用來切割麵團，或勻平麵糊。

❹ 抹面刀
用來抹勻內餡或蛋糕外層的奶油。

◆ 烤盤類

❶ 烤箱
溫度有上火下火之分。使用須依照烤箱大小及烤製的食品調整溫度與時間。使用前要先預熱。

❷ 烘焙紙
剪裁邊角，以貼合烤盤或模具，避免食材沾黏。烤後成品較濕潤。

❸ 烘焙布
適當剪裁，以貼合烤盤或模具，避免食材沾黏。不沾水、不吸油，使用完可清洗重複使用。

❹ 烘焙墊
常用在麵團擀和上。

❺ 烤盤油
噴在模具上，有助於蛋糕脫模。

◆ 網篩類

❶ 麵粉網篩
大型網篩，用來篩取麵粉。使用時邊輕微搖晃，一邊用湯匙撥弄麵粉，使結塊散開。

❷ 小網篩
用來篩取玉米粉等用量不大的食材。有掛鉤，可以掛在鍋緣，防止傾倒。輕搖晃網篩，一邊用湯匙過濾粉末。

◆ 擠花袋

❶ 拋棄式擠花袋
裝填內餡、巧克力或棉花糖後，剪開小口可擠出材料。拋棄型，用完就丟。

❷ 花嘴（泡芙嘴、圓形、花型）
和擠花袋組合使用，用來擠出材料。花嘴前端尖利，使用時不要用力戳入成品，避免破損。

◆ 造型類

❶ 翻糖壓模

用來製作複雜造型。

❷ 餅乾模（圓形、星星、花型）

用來製作簡單造型。

◆ 其他

❶ 厚底鍋

用來加熱或融化食材。有些食材須隔水加熱，如巧克力。

❷ 軟毛刷

用來除去棉花糖上的粉末。

❸ 擀麵棍

有直型及附加把手型。用來將麵團、麵皮擀成適當的厚薄。使用後須洗淨並乾燥保存。

材料使用説明

◆ **低筋麵粉**

製作蛋糕餅乾的主要材料。

使用注意 要過篩後使用，才能做出較細緻的口感。

◆ **糖粉（細砂糖、砂糖、純糖粉）**

提升甜味。配合的材料不同，所需份量也不同。

使用注意 純糖粉是用在馬卡龍製作的無雜質糖粉，不可替換使用。

◆ **鹽**

用於調味。

◆ **日式太白粉**

有別於台式太白粉，日式太白粉比較黏，遇熱不易化開。適合使用在棉花糖。

因為棉花糖製作時，要保持一定溫度，使用日式太白粉撒盤，棉花糖就不會沾黏，冷卻後，再清除粉末即可。

◆ **玉米粉**

適量使用，可降低麵粉筋度，增加蛋糕鬆軟口感。

使用注意 使用前需要過篩，去除雜質。

◆ **水麥芽**

又稱為水飴，有別於麥芽糖，是樹薯粉用熱水發酵製作而成。

色澤透明，成品顏色透亮，多用在糖果棉花糖製作。

◆ **飲用水**

調和食材用。

◆ 液態油

在蛋糕烘焙過程中使用。與融化後使用的固態油不同，不會影響蛋糕蓬鬆度。

使用注意　建議不要使用花生油，味道太重，會讓蛋糕口味被花生蓋掉。

◆ 吉利丁片

用來凝結果凍、布丁等膠狀食品用。

使用注意　先剪小片，再用冰水泡軟。泡軟後的吉利丁擰乾水分後，才能丟到其他食材中加熱融化。且融化溫度不宜太高，不然會破壞吉利丁的凝結功效。

◆ 蛋（全蛋、蛋黃、蛋白）

打發後與麵粉混合製成麵糊使用。

使用注意　蛋白取出後，先拿去冷凍 10 分鐘，才不易消泡。此外，盛裝的容器要無油無水，避免破壞蛋白結構，而打發失敗。

◆ 鮮奶

提味，增加滑順口感。

使用注意　放在冰箱冷藏保鮮。

◆ 濃縮牛乳

乳脂含量高，可以讓口感更綿密。本身帶有糖分，所以製作過程中，可以減少糖粉的添加。

使用注意　冷藏可保存一個禮拜。此外，濃縮牛乳可以等比例替換鮮奶，讓蛋糕體口感更綿密。

◆ 奶粉

可以增加香氣。

◆ 香草醬

　　提味用。

◆ 奶油類

❶ 動物性鮮奶油：鮮奶油有動物性與植物性兩種。動物性鮮奶油不含糖分，使用時要與糖搭配使用。
　　 使用注意 　從冰箱取出後須立刻使用，溫度夠冰才好打發。且三天內使用是最容易打發的時間。

❷ 無鹽發酵奶油：發酵奶油有無鹽及含鹽兩種。製作甜點時，多用無鹽發酵奶油，可不用再計算含鹽量，進而增減食譜配方。

◆ 酒品（ex. 檸檬酒）

　　用以製作不同的果醬或提味。

◆ 堅果（杏仁、杏仁角）

　　做為內餡或是裝飾，提升風味。
　　 使用注意 　因為杏仁和杏仁角是生的，使用前須用家用烤箱上火 120°C／下火 120°C，杏仁烤 20-30 分鐘；杏仁角則是烤 5-10 分鐘，烤熟殺菌。

◆ 果汁（濃縮果汁）

　　調味用。

◆ 天然色粉

　　用以製作不同顏色的蛋糕體。
　　 使用注意 　使用時須添加一定比例的水糊化使用。須冷藏保存，較不易變色。

◆ 當季水果

　　做果醬或內餡時使用。
　　 使用注意 　挑選新鮮種類使用。

◆ 果乾

　　做為內餡或是裝飾，提升蛋糕的風味。
　　 使用注意 　放在冰箱冷藏保鮮。

◆ 果醬

做為內餡或是裝飾，提升蛋糕的風味。

使用注意 放在冰箱冷藏保鮮。

◆ 巧克力

融化使用，做為內餡或是蛋糕體的裝飾，提升蛋糕風味。

使用注意 使用巧克力要隔水加熱，避免直火燒焦。同時加熱溫度 < 50°C，才不會油水分離。

◆ 碎馬卡龍

牛軋糖材料之一，提升風味。

◆ 茶包

蛋糕材料之一，提升風味。

使用注意 使用前拆開，將茶粉磨細再做使用。

◆ 造型製作材料

❶ 食用色粉：可直接食用的色粉。

使用注意 使用時須添加一定比例的水糊化使用。

❷ 色膏：可食用的染色劑。

使用注意 根據所需顏色，使用不同顏色色膏，有時須依比例混和。一次不要取出太多，用牙籤一點一點調色。

Ⓑ 黑色 Black　　Ⓑⓡ 咖啡色 Brown　　ⒸⓄⓅ 褐色 Copper　　Ⓡ 紅色 Red（no-taste）

Ⓖ 金黃色 Golden yellow　　Ⓛ 鵝黃色 Lemon yellow　　Ⓣ 蒂芬妮綠色 Teal

◆ 裝飾用材料

❶ 乾燥花

❷ 防潮糖粉：可吸除蛋糕表面殘留水分。

使用注意 防潮糖粉須過篩使用。

家庭烤箱
使用小常識

烤箱功能選擇與位置擺放

◆ 烤箱功能的選擇

具備基本的溫度調整、時間控制功能。

沒有定時功能的話,可以用計時器輔助。

◆ 烤箱的擺放位置

選擇適當的擺放位置,避免烤箱散熱不佳。

此外,因烤箱耗電量大,所以要獨立插座,不與其他電器共用,以策安全。

烤箱購買完要注意的事

◆ 拆封清洗烤箱

❶ 清潔劑選擇

清潔劑要使用廚房用中性清潔劑,不要用強酸強鹼。可用稀釋過的醋水或自行調配的熱肥皂水替代。

❷ 烤箱內外

用擰乾的濕布擦拭烤箱內外,擦拭完等完全乾燥才可關閉。抹布務必要擰乾,避免抹布上殘留的水分造成烤箱鏽蝕。

❸ 烤盤和烤架

溫水參微量清潔劑,把布浸濕清潔烤架和烤盤。不要用鋼刷,或是金屬類刷具清洗烤箱,容易刮傷表面。

◆ 高溫預熱

　　溫度調到 200°C（烤箱最高溫），預熱 5 分鐘，以除盡殘留油煙。

　　烤箱冒出油煙，或有異味，是因為烤箱內部塗有一層防止運輸過程中受到鹽蝕的保護油，屬於正常情況。

◆ 了解烤箱差異

　　每台烤箱都有溫度差。

　　第一次使用時，先將烤箱溫度，調到比食譜低的溫度來製作食品。記錄完成時的溫度、做出的成品差異等資料，再慢慢增加溫度。

　　完全了解烤箱的情況後，再對食譜註明的烤箱溫度及時間，做適當調整。

正式使用烤箱注意事項

◆ 可用容器

　　金屬、耐熱玻璃、陶瓷、木質、紙或矽膠，是可以放入烤箱的容器材質。

　　塑膠材質絕對不能放進去，會因高溫融解，而釋放出有毒物質。

◆ 預熱

　❶ 用途
　此過程是為了避免食材因緩慢加溫，而影響口感。

　❷ 方法
　將烤箱啟動，根據製作的料理不同，調好適當溫度，空燒至少 5-10 分鐘以上，讓烤箱達到料理使用溫度。

　❸ 溫度判斷
　有的烤箱有溫度指示燈，燈熄表示已達溫度。沒有指示燈的判斷方法：160-170°C 要預熱 10 分鐘；200°C 要預熱 15 分鐘；200°C 以上要預熱 18-20 分鐘。

◆ 使用時的溫度調整

❶ 下火溫度偏高：下火溫度高，使用時必須加上底盤，避免溫度過高，造成成品（如蛋糕）底部凹陷。如果溫度依然太高，則多加一個底盤，或擺放到靠近上火處。

❷ 整體溫度偏低：烤箱溫度較低，烘烤時就不需要底盤，避免熱傳導不佳，成品無法完成。

❸ 成品上色的應對：若擔心成品上色，可在成品表面覆上鋁箔紙。

◆ 受熱調整

烤盤調整：因爐門散熱，爐門附近的成品烘烤程度相對較弱。為使成品烘烤程度均勻，視情況調整烤盤方向。

◆ 取放注意

取放烤盤時，使用烤盤夾或配戴乾手套，不要用手觸碰爐腔和加熱器，避免燙傷。

◆ 出爐注意

把開關、溫度調到「關」。

拔去電源插頭，再使用乾手套取出成品，避免燙傷。

◆ 使用完的清潔

❶ 清潔前提
等烤箱冷卻降溫，避免燙傷。

❷ 去除烤箱殘留異味：

方法	說明
天然水果去味法	把柑橘皮放入烤箱，烤 2-3 分鐘。或把檸檬切半，放入烤箱。
咖啡渣去味法	把煮完的咖啡渣壓平在烤盤上，用 200°C 烤到變乾為止。

❸ 油汙去除方法

方法	說明
阿摩尼亞去汙法	將烤箱預熱 3-4 分鐘後關閉，趁烤箱還有餘熱時，放上一小碟阿摩尼亞，讓油汙慢慢化掉，再用布擦拭烤箱內部。
蘇打粉去汙法	用水濕潤蘇打粉後，放在油汙嚴重處，一段時間後再用擰乾的濕布擦拭。情況嚴重，可以隔夜後再清除。

❹ 烤箱內部清理
用乾布擦拭油垢。若油垢積附嚴重，則沾上少量清潔劑，再做擦拭，或用海綿輕刷。

❺ 烤盤、烤網的清理
烤盤、烤網可以用水洗滌，洗後要用乾布擦乾避免生鏽。若有嚴重油垢，則用溫水加上少量清潔劑，浸泡 30 分鐘後再清洗。

❻ 烤箱外部清理
等到箱體冷卻一段時間，尚留餘溫時，再做清洗。不要用冷水擦洗烤箱門，避免因為溫度變化太快導致爆裂。若沾有汙漬或粉末，可用清水或少許廚房用中性清潔劑擦拭，之後用乾布擦乾。

久未使用烤箱的注意事項

台灣氣候潮濕，久未使用，烤箱濕氣會太重，容易造成短路或是機體故障。

因此，久未使用要烘焙前，先調整到高溫烘烤一段時間，將爐內烘乾。

基礎技巧

打發蛋白

◆ 電動攪拌器打發方法

❶ 用中速打。

❷ 出現大眼泡泡後,加入 ⅓ 的糖(第 1 次)。

❸ 蛋白打到細緻光滑,加入 ⅓ 的糖 (第 2 次)。

❹ 打到攪拌器上的蛋白呈現濕性打發, 加入剩下的糖。

❺ 繼續打,直到攪拌器上的蛋白呈現乾 性打發。

> 🍳 **TIPS**
>
> ① 蛋白在使用前,包好保鮮膜,先拿去冷藏或冷凍,避免消泡不易打發。
>
> ② 中速打發,避免蛋白霜過於粗糙,快速消泡。
>
> ③ 裝蛋白的容器要無油無水,避免油脂或酸性成分殘留,影響蛋白變質。

◆ 比較蛋白乾性打發及濕性打發

乾性打發：蛋白呈小彎鉤，偏硬。

濕性打發：蛋白呈 90 度直角狀，濕軟。

打發蛋黃

01

02

03

04

❶ 將蛋黃分離出來。

❷ 用攪拌器攪勻。

❸ 糖沿著容器邊緣分批加入，不要一次全放。

❹ 繼續攪拌直到呈淺黃色，濃稠狀。

全蛋打發

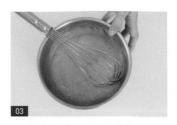

❶ 將蛋打入調理盆中。　　❷ 使用攪拌器攪拌。　　❸ 攪拌到蛋白蛋黃均勻混合。

🍳 **TIPS**

① 隔著約 40°C 的溫水打發。

② 打發的程度,是牙籤輕插入糊中,不會馬上倒下。

③ 如果使用的是電動攪拌器,要注意轉速,接近完成要切換成低速攪打!

翻拌的技巧

翻拌,是混合蛋白霜與蛋黃糊最好的方式。

如何正確做好這個步驟,影響到蛋糕的食用口感和成品的細緻度。

❶ 將 ⅓ 的蛋白霜,加進拌好的蛋黃糊中。

❷ 拿刮刀或打蛋器,從對面插入。

❸ 往 180 度方向(也就是自己的方向)推蛋糕糊,順勢由下往上翻。

❹ 稍轉調理盆,繼續相同的步驟。也就是一邊翻拌,一邊轉動盆子。

壓拌的技巧

壓拌麵團是製作馬卡龍時的關鍵步驟之一。

❶ 用刮刀將麵團往自己方向壓,再往旁邊一翻。

❷ 和翻拌法相似,但手法較輕,重視壓的動作。

脫模的技巧

想取出烤好的蛋糕時,常會遇到蛋糕與模具貼合,不好分離的情況。結果,強硬取出的成品變得破破爛爛。

脫模是有訣竅的,只要用對方法,就能夠輕鬆取出漂亮的成品!

❶ 先用手指輕輕撥開蛋糕體和模具貼合的邊緣。

❷ 邊緣全部撥開後,倒扣,輕拍模具。

❸ 慢慢往上拉起模具,蛋糕就會順應往下掉。

❹ 脫模完成。

2

果醬與內餡

—— 製 作 ——

JAM & STUFFING
making

01 Jam & Stuffing Making

藍莓奶凍

🕐 約 20 分鐘
🍽 完成約 300g

工具 & 材料

① 鍋具　　　③ 擠花袋
② 耐熱刮刀

動物性鮮奶油 ……………………………… 100g
藍莓果醬 …………………………………… 100g
馬斯卡彭乳酪 ……………………………… 120g
濃縮檸檬汁 ……………………………………… 10g
吉利丁片 …………………………………………… 2 片

01　將動物性鮮奶油倒入鍋中。

02　放進馬斯卡彭乳酪。（註：馬斯卡彭乳酪先放在常溫軟化。）

03　兩者一同加熱攪拌融化。

04　再加入藍莓果醬。

05　三者攪拌均勻後，關火。

06　把吉利丁片擰乾，丟入鍋中。

07　重新開火，將吉利丁片融化。

08　融化後倒入濃縮檸檬汁，攪拌均勻後，關火冷卻。

09　奶凍冷卻完，放進冰箱冷藏。使用時再取出裝進擠花袋中。

02 Jam & Stuffing Making

香橙慕斯

⏲ 約 20 分鐘
🍱 完成約 365g

工具 & 材料

① 鍋具　　　③ 調理盆
② 均質機　　④ 耐熱刮刀

動物性鮮奶油（1）	100g
白巧克力	60g
柳橙果醬	25g
橙酒	2g
動物性鮮奶油（2）	150g
馬斯卡彭乳酪	30g
飲用水	適量

TIPS

　　慕斯要冷藏放置到隔天稍凝固才使用。如急要可稍冷凍後才用，此慕斯不加吉利丁（蛋奶素可食）。

01 調理盆裝水，放在爐上加熱，溫度不要超過 50°C。

02 把白巧克力倒進其他調理盆中，架在步驟 1 的水盆上面，隔水加熱融化後，放到一邊備用。（註：隔水避免直火燒焦。）

03 將動物性鮮奶油（1）放入鍋中，加熱煮沸。

04 延續上一步，煮滾後離火，沖入白巧克力中。

05 攪拌均勻。

06 倒入柳橙果醬。

07 放進馬斯卡彭乳酪。（註：馬斯卡彭乳酪先放在常溫軟化。）

08 用均質機把材料攪拌均勻。

09 再倒入橙酒。

10 最後放進動物性鮮奶油（2）。

11 用均質機再次攪拌均勻，慕斯便製作完成。

12 慕斯放入冰箱冷藏。隔天取出，打發到細緻光滑的程度來使用。

香緹奶油餡

🕐 約 20 分鐘

🗂 完成約 310g

工具 & 材料

① 調理盆　　③ 手持攪拌器

② 打蛋器

動物性鮮奶油 300g

細砂糖 10g

步驟說明 Step by Step

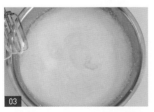

01　從冰箱取出動物性鮮奶油,倒進調理盆。

02　鮮奶油攪打到半凝固後,加入 ½ 的細砂糖(第 1 次)。

03　攪打到濕性打發的程度。

04　倒進剩餘的細砂糖(第 2 次)。

05　持續攪拌,直到鮮奶油乾性打發,香緹奶油餡完成。

06　放入冰箱冷藏,使用時再取出打發到乾性打發。

甘乃許淋醬

- ⏱ 約 30 分鐘
- 📦 完成約 150g

工具 & 材料

① 鍋具　　③ 耐熱刮刀
② 調理盆　④ 溫度計

黑巧克力 100g
動物性鮮奶油 50g

步驟說明 Step by Step

01　將動物性鮮奶油倒進調理盆中。

02　加熱融化，溫度不超過 55°C。

03　把動物性鮮奶油沖入黑巧克力中。

04　持續攪拌到黑巧克力微融。

05　再把黑巧克力隔水加熱融化。（註：隔水避免直火燒焦。）

06　成品呈現流動狀。

TIPS

　　如果巧克力融化後太稠，可添加動物性鮮奶油，增加滑順感。

05 Jam & Stuffing Making

藍莓果醬

⏱ 約 30 分鐘
🍯 完成約 330g

藍莓 250g
細砂糖 80g
濃縮檸檬汁 20g
蘭姆酒 10g

01 藍莓倒入鍋中，開中小火熬煮。

02 加入 ½ 的細砂糖。

03 煮到果膠出來。

04 倒進剩餘的細砂糖。

05 將果醬煮滾。

06 用湯匙取出一點果醬，滴入盤中，用湯匙劃盤。

07 劃盤後，果醬沒有重合回去。

08 倒入濃縮檸檬汁。

09 最後倒進蘭姆酒。

10 快收汁時，用湯匙重新取出果醬劃盤。

11 劃盤後，果醬沒有重合回去，即可關火。

12 冷卻後，再裝瓶保存。

柳橙果醬

⏱ 約 30 分鐘
📖 完成約 380g

①厚底鍋　③空瓶
②爐具　　④木鏟或耐熱刮刀

柳橙果肉	300g
細砂糖	80g
濃縮檸檬汁	20g
橙酒	10g

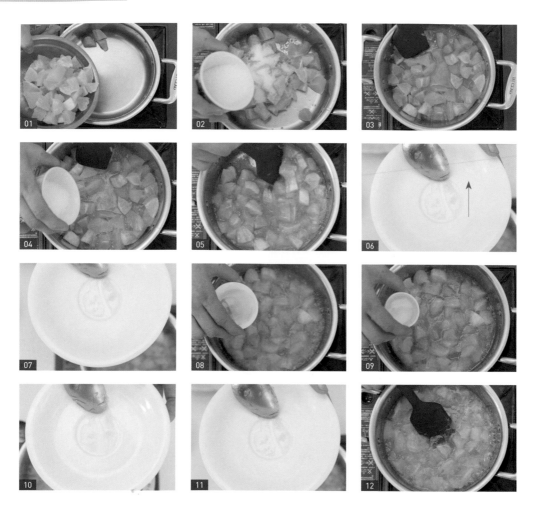

01　柳橙果肉倒進鍋中，開中
　　小火熬煮。

02　加入 ½ 的細砂糖。

03　煮到果膠出來。

04　再倒進剩餘的細砂糖。

05　讓果醬煮滾。

06　用湯匙取出一點果醬，滴
　　入盤中，用湯匙劃盤。

07　劃盤後，果醬沒有重合回去。

08　倒入濃縮檸檬汁。

09　最後倒進橙酒。

10　快收汁時，用湯匙重新取出果醬劃盤。

11　劃盤後，果醬沒有重合回去，即可關火。

12　果醬冷卻後，才裝瓶保存。

07 Jam & Stuffing Making

草莓果醬

🕐 約 30 分鐘
📖 完成約 280g

工具 & 材料 ·

① 厚底鍋　　③ 空瓶
② 爐具　　　④ 木鏟或耐熱刮刀

草莓	210g
細砂糖	70g
濃縮檸檬汁	20g
草莓酒	20g

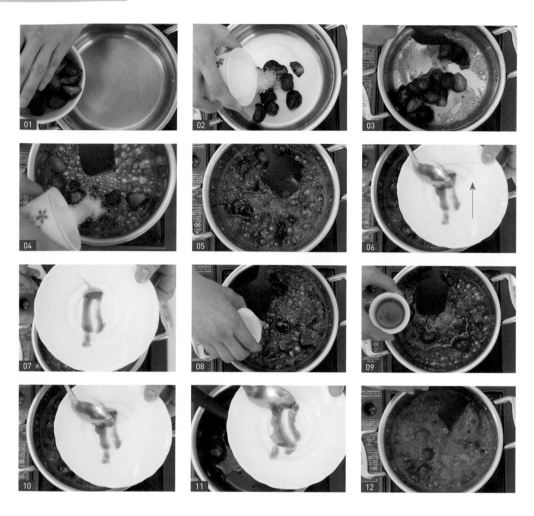

01　草莓倒進鍋中，開中小火熬煮。

02　加入 ½ 的細砂糖。

03　煮到果膠出來。

04　倒進剩餘的細砂糖。

05　將果醬煮滾。

06　用湯匙取出一點果醬，滴入盤中，
　　用湯匙劃盤。

07　劃盤後，果醬沒有重合回去。

08　倒入濃縮檸檬汁。

09　最後倒進草莓酒。

10　快收汁時，用湯匙重新取出果醬
　　劃盤。

11　劃盤後，果醬沒有重合回去，即
　　可關火。

12　果醬冷卻後，便能裝瓶保存。

08 Jam & Stuffing Making

香蕉果醬

🕐 約 30 分鐘
🍯 完成約 300g

工具 & 材料

①厚底鍋　　③空瓶
②爐具　　　④木鏟或耐熱刮刀

熟香蕉	285g
砂糖	12g
咖啡酒	70g

01 把熟香蕉搗成泥。

02 倒進鍋中，開中小火熬煮。

03 加入砂糖。

04 攪拌讓糖溶解。

05 倒入些許咖啡酒。

06 攪拌均勻。

07 用湯匙取出一點果醬，滴入盤中，用湯匙劃盤。

08 劃盤後，果醬沒有重合回去。

09 倒進剩餘的咖啡酒。

10 攪拌均勻，繼續熬煮。

11 用湯匙重新取出果醬劃盤。

12 果醬沒有重合回去，即可關火。冷卻後再裝瓶保存。

09
Jam &
Stuffing Making

綜合莓果
果醬

⏱ 約 30 分鐘　🏺 完成約 220g

工具 & 材料

① 厚底鍋　　③ 空瓶
② 爐具　　　④ 木鏟或耐熱刮刀

綜合莓果 150g
細砂糖 70g
覆盆子酒 10g
濃縮檸檬汁 20g

01 綜合莓果倒入鍋中,開中小火
熬煮。

02 加入 ½ 的細砂糖。

03 煮到果膠出來。

04 倒進剩餘的細砂糖。

05 將果醬煮滾。

06 湯匙取出些許果醬,滴入盤中,
用湯匙劃盤。

07 劃盤後,果醬沒有重合回去。

08 再倒入覆盆子酒。

09 最後倒進濃縮檸檬汁。

10 快收汁時,用湯匙重新取出果醬劃盤。

11 劃盤後,果醬沒有重合回去,即可
關火。

12 果醬冷卻後,便能裝瓶保存。

3

棉花糖

MARSHMALLOW
making

棉花糖小常識

● **水麥芽與麥芽糖的差異**

　　水麥芽與麥芽糖，雖然名字都帶有麥芽，但兩者來源和用途不同，不要替換使用。

名稱	製作方法	特色	用途
水麥芽	澱粉提煉而成	色澤透明	用在糖果、棉花糖製作。
麥芽糖	麥芽提煉而成	色澤褐黃	用在中式甜點。

● **吉利丁與洋菜差異**

名稱	類別		使用方法
吉利丁	動物性	片狀	先剪小片，再用冰水泡軟。泡軟後的吉利丁擰乾水分後，才能丟到其他食材中加熱融化。且融化溫度不宜太高，不然會破壞吉利丁的凝結功效。
		粉狀	倒入冰水中，等粉末吸水膨脹後，再攪拌至融化。
	植物性		使用會前先與砂糖混合攪拌以免結塊，融化溫度比動物性高。
洋菜			加熱融化使用。

● **日式太白粉的用途**

　　棉花糖為了防止成品沾黏，除了在烤盤上鋪上烘焙墊或是烘焙布外，還會在烤盤撒上日式太白粉。

　　日式太白粉比較黏，遇熱不易化開。擠棉花糖時，材料都要保持一定溫度，所以使用日式太白粉撒盤，棉花糖冷卻後，很容易清除掉。

狗狗造型
棉花糖

狗狗造型棉花糖

工具 & 材料

INSTRUMENTS & INGREDIENTS

工具		材料	
① 調理盆	⑧ 耐熱刮刀	水麥芽	10g
② 量匙	⑨ 烤箱	**A** 紅茶包泡水	30g
③ 電子秤	⑩ 烤盤	細砂糖（1）（與果汁調和）	25g
④ 溫度計	⑪ 烘焙布	吉利丁片	3 片
⑤ 分蛋器	⑫ 小網篩	**B** 蛋白	35g
⑥ 打蛋器	⑬ 厚底鍋	細砂糖（2）（蛋白打發用）	35g
⑦ 手持攪拌器	⑭ 擠花袋	**C** 色膏：● 咖啡色（Brown）／耳朵、鼻子	
		● 黑色（Black）／眼睛	
		日式太白粉	適量

🕐 約 40 分鐘　｜　🍪 約 25 個（10 元硬幣大小）

步驟說明
Step By Step

A 調味

01 手沾濕後，取出水麥芽放到鍋中。

02 加入紅茶。

03 再倒下細砂糖（1），開火。

04 煮到糖溶解。

05 將吉利丁片擰乾後，放入鍋中。

06 延續上一步，將吉利丁片加熱融化，融化完放爐上備用。

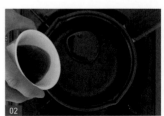

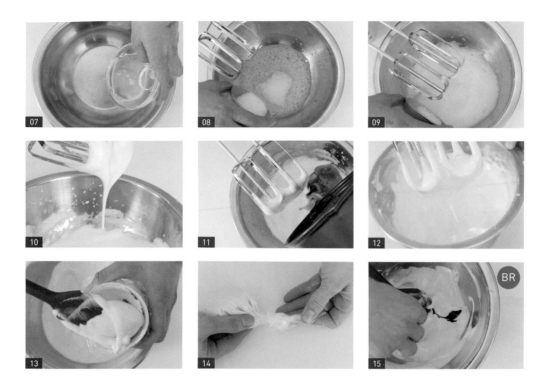

B 蛋白霜製作

07 從冰箱將蛋白取出，倒入調理盆中。

08 蛋白打發到出現大眼泡泡後，加入 ½ 的細砂糖（2）。

09 繼續打發到蛋白呈現光滑細緻後，倒入剩餘的細砂糖（2）。

10 最後打到蛋白為濕性打發後，暫停打發。

C 棉花糖製作

11 調味 A 倒進蛋白霜 B 中，隔熱水打發。

12 持續打到蛋白呈現不滴落的狀態，最後盆內蛋白能沿盆壁流下後，流痕緩緩消失便停止打發，棉花糖完成。

13 棉花糖分成兩份，原色和咖啡色各一份。先把原色棉花糖，裝入擠花袋，需要兩個。

14 綁緊。

15 另外一份棉花糖，加入咖啡色色膏。

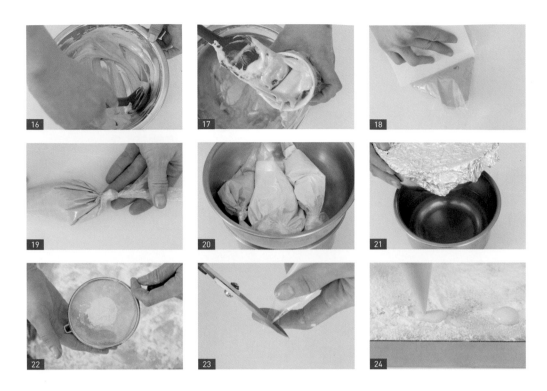

16　攪拌均勻。

17　裝入擠花袋。

18　用刮板推擠到底。

19　綁緊。

20　擠花袋隔熱水保溫。（註：避免棉花糖乾掉。）

21　蓋上鋁箔紙。（註：加強保溫效果。）

D　造型製作

22　烤盤鋪上烘焙布或是烘焙墊，並灑上日式太白粉。（註：避免棉花糖沾黏。）

23　把一個原色棉花糖，剪開大洞。

24　手垂直握著擠花袋，擠出狗狗造型的身體。

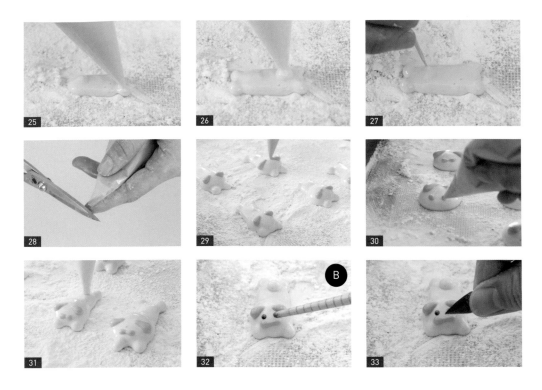

25　另一個原色剪小洞擠手腳。

26　擠頭。

27　用牙籤挑破氣泡。

28　微乾後，用咖啡色棉花糖，剪小洞。

29　擠耳朵。

30　擠鼻子，用牙籤將兩個小孔勾在一起。

31　乾掉後，用原色擠尾巴。

32　用竹筷或牙籤，沾上黑色色膏，點眼睛。

33　隔水加熱融化黑巧克力，裝入擠花袋中，剪開小洞擠出鼻頭。（註：隔水避免直火燒焦。）

<hr />

TIPS

① 棉花糖也可放在 45℃ 的烤箱中保溫。

② 擠出棉花糖時有氣泡，可用牙籤挑破。

③ 黑色色膏也可以改成竹炭粉加水調勻。

柴犬造型
棉花糖

工具 & 材料

INSTRUMENTS & INGREDIENTS

① 調理盆	⑧ 耐熱刮刀	
② 量匙	⑨ 烤箱	
③ 電子秤	⑩ 烤盤	
④ 溫度計	⑪ 烘焙布	
⑤ 分蛋器	⑫ 小網篩	
⑥ 打蛋器	⑬ 厚底鍋	
⑦ 手持攪拌器	⑭ 擠花袋	

	材料	份量
	水麥芽	10g
	濃縮柳橙汁	20g
A	細砂糖（1）（與果汁調和）	25g
	橙酒	10g
	吉利丁片	3 片
B	蛋白	35g
	細砂糖（2）（蛋白打發用）	35g
C	色膏：● 褐色（Copper）／身體	
	● 黑色（Black）／眼睛	
	日式太白粉	適量

🕙 約 40 分鐘　|　🍬 約 25 個（10 元硬幣大小）

步驟說明
Step By Step

A 調味

01　手沾濕後，取出水麥芽放到鍋中。

02　倒入濃縮柳橙汁。

03　再加入細砂糖（1）。

04　最後倒進橙酒，開火。

05　煮到糖溶解。

06　將吉利丁片擰乾後，放入鍋中。

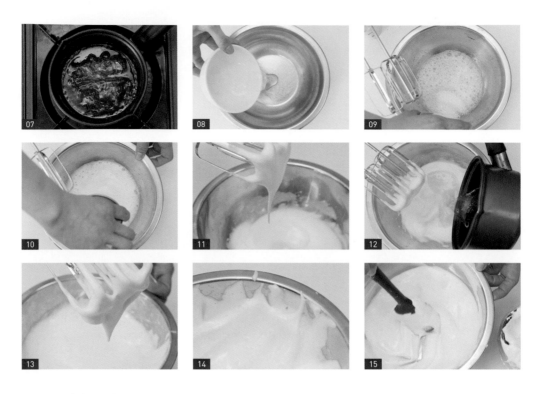

07　延續上一步，將吉利丁片加熱融化，融化完放爐上備用。

B　蛋白霜製作

08　從冰箱將蛋白取出，倒入調理盆中。

09　蛋白打發到出現大眼泡泡後，加入 ½ 的細砂糖（2）。

10　繼續打發到蛋白呈現光滑細緻後，倒入剩餘的細砂糖（2）。

11　最後打到蛋白為濕性打發後，暫停打發。

C　棉花糖製作

12　調味 A 倒進蛋白霜 B 中，隔熱水打發。

13　持續打到蛋白呈現不滴落的狀態。

14　最後盆內蛋白能沿盆壁流下後，流痕緩緩消失便停止打發，棉花糖完成。

15　棉花糖分成兩份，一份原色，一份褐色。

16　原色棉花糖裝入擠花袋中。

17　綁緊。

18　另一份棉花糖，加入褐色色膏。

19　攪拌均勻。

20　裝入擠花袋中。

21　綁緊。

22　褐色棉花糖一共有兩包，一個做頭（A），一個做耳朵（B）。

23　擠花袋隔熱水保溫。（註：避免棉花糖乾掉。）

24　蓋上鋁箔紙。（註：加強保溫效果。）

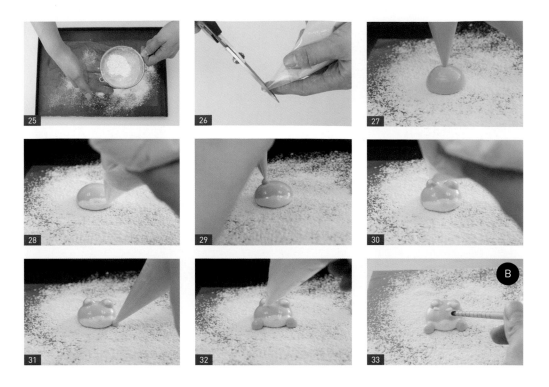

D 造型製作

25　烤盤鋪上烘焙布或是烘焙墊，並灑上日式太白粉。（註：避免棉花糖沾黏。）

26　把褐色棉花糖（A）剪開大洞。

27　手垂直握擠花袋，擠出頭。

28　原色棉花糖剪開小洞擠出臉。

29　身體稍乾後，將褐色棉花糖（B）剪開小洞，擠耳朵。

30　耳朵未乾前，用原色棉花糖擠出內耳。

31　用褐色棉花糖（A），擠出手。

32　原色棉花糖擠出眉毛。

33　全乾後，用竹筷或牙籤沾黑色色膏，點眼睛和鼻子。

TIPS
① 棉花糖也可放在 45°C 的烤箱中保溫。
② 擠出棉花糖時有氣泡，可用牙籤挑破。
③ 黑色色膏也可以改成竹炭粉加水調勻。

marshmallow making
03
棉花糖製作

泡澡熊造型
棉花糖

泡澡熊造型棉花糖

工具 & 材料

INSTRUMENTS & INGREDIENTS

① 調理盆　　⑧ 耐熱刮刀
② 量匙　　　⑨ 烤箱
③ 電子秤　　⑩ 烤盤
④ 溫度計　　⑪ 烘焙布
⑤ 分蛋器　　⑫ 小網篩
⑥ 打蛋器　　⑬ 厚底鍋
⑦ 手持攪拌器　⑭ 擠花袋

	水麥芽	10g
	濃縮蔓越莓汁	20g
A	細砂糖（1）（與果汁調和）	25g
	覆盆子酒	10g
	吉利丁片	3 片
B	蛋白	35g
	細砂糖（2）（蛋白打發用）	35g
C	色膏：● 紅色（Red（no-taste））+ ● 褐色（Copper）／身體　● 黑色（Black）／眼睛	
	日式太白粉	適量

🕐 約 40 分鐘　📦 約 25 個（10 元硬幣大小）

步驟說明
Step By Step

A　調味

01　手沾濕後，取出水麥芽放到鍋中。

02　倒入濃縮蔓越莓汁。

03　再加入細砂糖（1）。

04　最後倒進覆盆子酒，開火。

05　煮到糖溶解。

06　將吉利丁片擰乾後，放入鍋中。

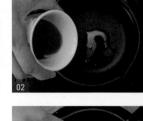

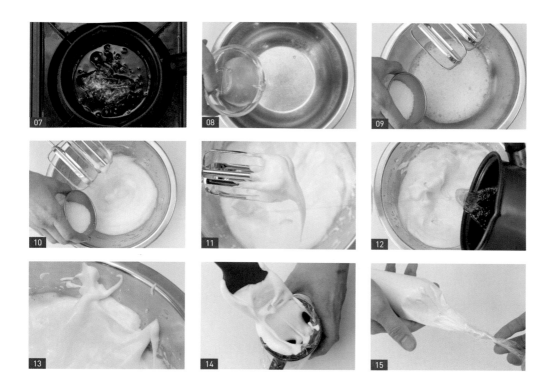

07　延續上一步，將吉利丁片加熱融化，融化完放爐上備用。

B　蛋白霜製作

08　從冰箱將蛋白取出，倒入調理盆中。

09　蛋白打發到出現大眼泡泡後，加入 ½ 的細砂糖（2）。

10　繼續打發到蛋白呈現光滑細緻後，倒入剩餘的細砂糖（2）。

11　最後打到蛋白為濕性打發後，暫停打發。

C　棉花糖製作

12　調味 A 倒進蛋白霜 B 中，隔熱水打發。

13　持續打到蛋白呈現不滴落的狀態，最後盆內蛋白能沿盆壁流下後，流痕緩緩消失便停止打發，棉花糖完成。

14　棉花糖分成三份，原色、紅色、褐色各一份。先把原色棉花糖裝入擠花袋中。

15　綁緊。

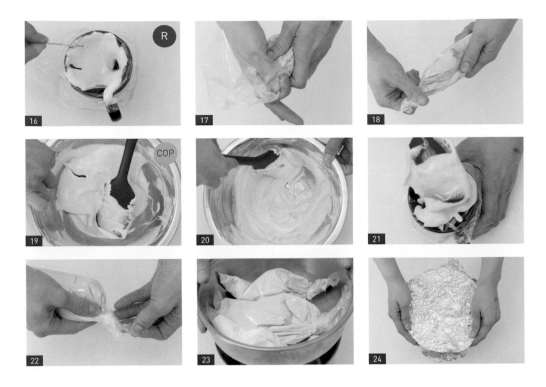

16 第二份棉花糖，加入紅色色膏。

17 搓揉染色。

18 綁緊。

19 最後一份棉花糖，加入褐色色膏。

20 攪拌均勻。

21 裝入擠花袋。

22 綁緊。

23 一共有三種顏色的擠花袋。擠花袋隔熱水保溫。（註：避免棉花糖乾掉。）

24 蓋上鋁箔紙。（註：加強保溫效果。）

D 造型製作

25 烤盤鋪上烘焙布或是烘焙墊，並灑上日式太白粉。（註：避免棉花糖沾黏。）

26 把褐色和原色棉花糖，剪開小洞。

27 手垂直握擠花袋，用褐色擠出熊的頭部。

28 擠出耳朵。

29 在耳朵未乾前，用原色或褐色擠出內耳。

30 擠出熊的手。

31 用原色擠出鼻子。

32 全乾之後用原色或褐色，擠頭巾。

33 全乾後，用竹筷或牙籤沾黑色色膏，點眼睛和鼻子。原色和紅色的泡澡熊製作，同步驟 26 ～ 33。

TIPS
① 棉花糖也可放在 45°C 的烤箱中保溫。
② 擠出棉花糖時有氣泡，可用牙籤挑破。
③ 黑色色膏也可以改成竹炭粉加水調勻。

巧克力杏仁棉花糖

工具 & 材料

INSTRUMENTS & INGREDIENTS

① 調理盆	⑨ 烤箱	
② 量匙	⑩ 烤盤	
③ 電子秤	⑪ 烘焙布	
④ 溫度計	⑫ 小網篩	
⑤ 分蛋器	⑬ 厚底鍋	
⑥ 打蛋器	⑭ 擠花袋	
⑦ 手持攪拌器	⑮ 圓形花嘴	
⑧ 耐熱刮刀		

Ⓐ 杏仁角 .... 適量

Ⓑ 水麥芽 10g

檸檬酒 10g

細砂糖（1）（與果汁調和） 25g

吉利丁片 .... 3 片

Ⓒ 蛋白 35g

細砂糖（2）（蛋白打發用） 35g

Ⓓ 黑巧克力 50g

Ⓔ 日式太白粉 .... 適量

🕐 約 40 分鐘 ｜ 🍽 約 25 個（10 元硬幣大小）

步驟說明
Step By Step

A 前置

01 烤箱溫度調整為上火 130°C ／下火 130°C，烘烤杏仁角 5 ～ 10 分鐘殺菌，以利後續操作使用。

B 調味

02 手沾濕後，取出水麥芽放到鍋中。

03 加入檸檬酒。

04 再倒下細砂糖（1），開火。

05 煮到糖溶解。

06 將吉利丁片擰乾後，放入鍋中。

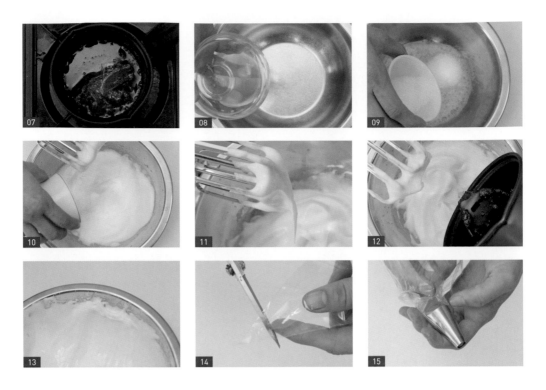

07　延續上一步，將吉利丁片加熱融化，融化完放爐上備用。

C　蛋白霜製作

08　從冰箱將蛋白取出，倒入調理盆中。

09　蛋白打發到出現大眼泡泡後，加入 ½ 的細砂糖（2）。

10　繼續打發到蛋白呈現光滑細緻後，倒入剩餘的細砂糖（2）。

11　最後打到蛋白為濕性打發後，暫停打發。

D　棉花糖製作

12　調味 B 倒進蛋白霜 C 中，隔熱水打發。

13　持續打到蛋白呈現不滴落的狀態，最後盆內蛋白能沿盆壁流下後，流痕緩緩消失便停止打發，棉花糖完成。

14　擠花袋剪開適當大小。

15　把圓形花嘴和擠花袋組裝起來。

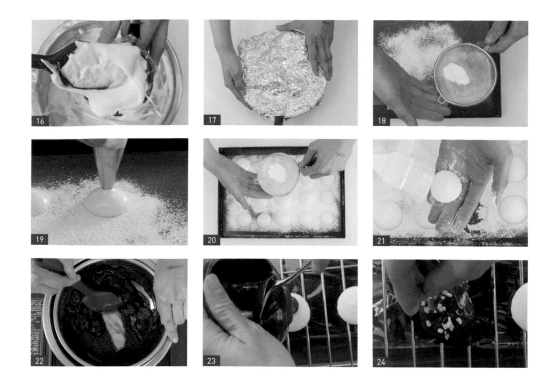

16 棉花糖裝入擠花袋中。

17 剩餘的棉花糖，隔熱水保溫，並蓋上鋁箔紙加強保溫效果。（註：避免棉花糖乾掉。）

E 成品製作

18 烤盤鋪上烘焙布或烘焙墊，並灑上日式太白粉。（註：避免棉花糖沾黏。）

19 手垂直握著擠花袋，擠出適當大小的圓形棉花糖。

20 在棉花糖上撒日式太白粉。

21 等棉花糖不黏手後，拿起用軟毛刷刷掉日式太白粉。

22 黑巧克力隔水加熱融化。（註：避免油水分離。）

23 把融化的黑巧克力，淋在棉花糖上。

24 取適量杏仁角，放在棉花糖上。

TIPS
① 棉花糖也可放在 45℃ 的烤箱中保溫。
② 擠出棉花糖時有氣泡，可用牙籤挑破。

marshmallow making

05

棉花糖製作

貓咪造型
棉花糖

工具 & 材料

INSTRUMENTS & INGREDIENTS

①調理盆	⑧耐熱刮刀	水麥芽	10g
②量匙	⑨烤箱	濃縮蘋果汁	20g
③電子秤	⑩烤盤	Ⓐ 砂糖	25g
④溫度計	⑪烘焙布	蘭姆酒	10g
⑤分蛋器	⑫小網篩	吉利丁片	3 片
⑥打蛋器	⑬厚底鍋	蛋白	35g
⑦手持攪拌器	⑭擠花袋	Ⓑ 細砂糖	35g

色粉：● 竹炭粉／耳朵

Ⓒ 色膏：● 黑色（Black）／眼睛

日式太白粉 ⋯⋯⋯⋯⋯⋯⋯ 適量

🕐 約 40 分鐘 ｜ 🍪 約 25 個（10 元硬幣大小）

步驟說明
Step By Step

A 調味

01　手沾濕後，取出水麥芽放到鍋中。

02　加入濃縮蘋果汁。

03　再倒下砂糖。

04　最後倒蘭姆酒，開火。

05　煮到糖溶解。

06　將吉利丁片擰乾後，放入鍋中。

C 棉花糖製作

07　延續上一步，將吉利丁片加熱
　　融化，融化完放爐上備用。

12　調味 A 倒進蛋白霜 B 中，隔熱水
　　打發。

B 蛋白霜製作

13　持續打到蛋白呈現不滴落的狀態，
　　最後盆內蛋白能沿盆壁流下後，
　　流痕緩緩消失便停止打發，棉花
　　糖完成。

08　從冰箱將蛋白取出，倒入調理
　　盆中。

09　蛋白打發到出現大眼泡泡後，
　　加入 ½ 的細砂糖。

14　棉花糖分成兩份，原色和竹炭粉
　　各一份。先把原色棉花糖，裝入
　　擠花袋中。

10　繼續打發到蛋白呈現光滑細緻
　　後，倒入剩餘的細砂糖。

15　綁緊。

11　最後打到蛋白為濕性打發後，
　　暫停打發。

16　竹炭粉加水，拌勻成糊。

D 造型製作

17　剩餘棉花糖裝入擠花袋中，加入竹炭粉糊。

18　搓揉成灰色。

19　綁緊。

20　兩組顏色，各有一大一小，一共四個袋子。

21　擠花袋隔熱水保溫。（註：避免棉花糖乾掉。）

22　蓋上鋁箔紙。（註：加強保溫效果。）

23　烤盤鋪上烘焙布或是烘焙墊，並灑上日式太白粉。（註：避免棉花糖沾黏。）

24　把竹炭灰色擠花袋，各剪開一大一小的兩個洞。

25　手垂直握擠花袋，用大洞的棉花糖擠出身體。

26　身體微乾，用小洞的棉花糖擠出耳朵。

27　全乾後，用竹筷或牙籤沾黑色色膏，點眼睛。原色的貓咪做法，同步驟 24～27。

TIPS
①　棉花糖也可放在 45℃的烤箱中保溫。
②　擠出棉花糖時有氣泡，可用牙籤挑破。
③　黑色色膏也可以改成竹炭粉加水調勻。
④　竹炭粉加水做的棉花糖易乾。

荷包蛋造型
棉花糖

工具 & 材料

INSTRUMENTS & INGREDIENTS

① 調理盆　　　⑧ 耐熱刮刀

② 量匙　　　　⑨ 烤箱

③ 電子秤　　　⑩ 烤盤

④ 溫度計　　　⑪ 烘焙布

⑤ 分蛋器　　　⑫ 小網篩

⑥ 打蛋器　　　⑬ 厚底鍋

⑦ 手持攪拌器　⑭ 擠花袋

Ⓐ
水麥芽 ——————————— 10g
檸檬酒 ——————————— 30g
細砂糖（1）（與果汁調和）—— 25g
吉利丁片 —————————— 3 片

Ⓑ
蛋白 ———————————— 35g
細砂糖（2）（蛋白打發用）—— 35g

Ⓒ
色膏：● 金黃色（Golden Yellow）／ 蛋黃
日式太白粉 ————————— 適量

🕐 約 40 分鐘 ｜ 📖 8 張荷包蛋

步驟說明
Step By Step

A 調味

01　手沾濕後，取出水麥芽放到鍋中。

02　加入檸檬酒。

03　再倒進細砂糖（1），開火。

04　煮到糖溶解。

05　將吉利丁片擰乾後，放入鍋中。

06　延續上一步，將吉利丁片加熱融化，融化完放爐上備用。

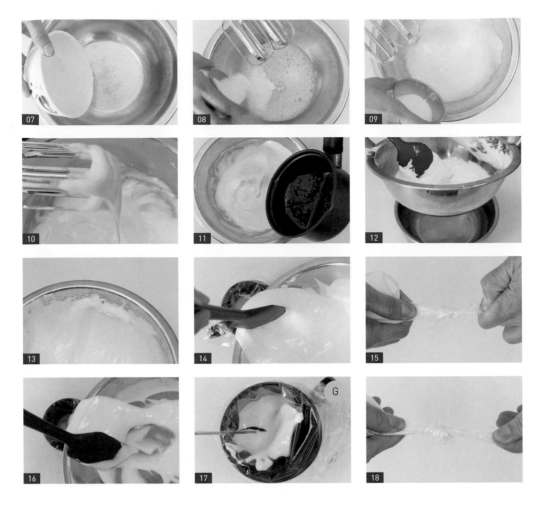

B 蛋白霜製作

07 從冰箱將蛋白取出，倒入調理
盆中。

08 蛋白打發到出現大眼泡泡後，
加入 ½ 的細砂糖（2）。

09 繼續打發到蛋白呈現光滑細緻
後，倒入剩餘的細砂糖（2）。

10 最後打到蛋白為濕性打發後，
暫停打發。

C 棉花糖製作

11 融化完後，倒進蛋白霜 B 中。

12 隔熱水打發。

13 持續打到蛋白呈現不滴落的狀態，最
後盆內蛋白能沿盆壁流下後，流痕緩
緩消失便停止打發，棉花糖完成。

14 棉花糖分成兩份，原色和金黃色各
一份。先把原色棉花糖，裝入擠花
袋中。

15 綁緊。

16 另外一份棉花糖，裝入擠花袋。

17 加入金黃色色膏。

18 綁緊。

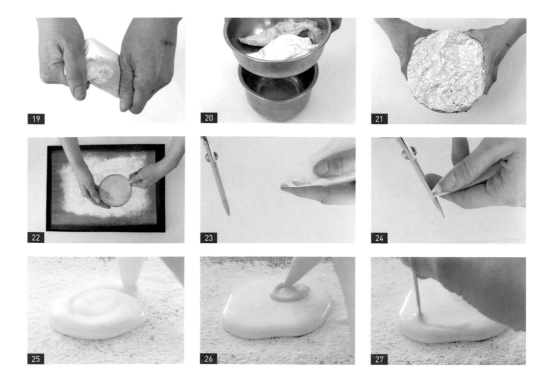

19　搓揉染色。

20　擠花袋隔熱水保溫。（註：避免棉花糖乾掉。）

21　蓋上鋁箔紙。（註：加強保溫效果。）

D　造型製作

22　烤盤鋪上烘焙布或是烘焙墊，並灑上日式太白粉。（註：避免棉花糖沾黏。）

23　把原色棉花糖，剪開大洞。

24　金黃色棉花糖，則剪開小洞。

25　手垂直握著擠花袋，用原色擠蛋白。

26　稍乾後，用金黃色擠蛋黃。

27　再擠一點蛋液，最後用牙籤勾劃蛋液。

TIPS
①　棉花糖也可放在 45℃ 的烤箱中保溫。
②　擠出棉花糖時有氣泡，可用牙籤挑破。

愛心造型
棉花糖

工具 & 材料

INSTRUMENTS & INGREDIENTS

① 調理盆	⑧ 耐熱刮刀	
② 量匙	⑨ 烤箱	
③ 電子秤	⑩ 烤盤	
④ 溫度計	⑪ 烘焙布	
⑤ 分蛋器	⑫ 小網篩	
⑥ 打蛋器	⑬ 厚底鍋	
⑦ 手持攪拌器	⑭ 擠花袋	

	水麥芽	10g
	濃縮水蜜桃汁	20g
Ⓐ	蘭姆酒	10g
	細砂糖（1）（與果汁調和）	25g
	吉利丁片	3 片
Ⓑ	蛋白	35g
	細砂糖（2）（蛋白打發用）	35g
Ⓒ	色膏：● 紅色（Red（no-taste））／愛心	
	日式太白粉	適量

🕐 約 40 分鐘 ｜ 🍽 約 25 個（10 元硬幣大小）

步驟說明
Step By Step

A 調味

01　手沾濕後，取出水麥芽放到鍋中。

02　加入濃縮水蜜桃汁。

03　再倒進蘭姆酒。

04　最後放入細砂糖（1），開火。

05　煮到糖溶解。

06　將吉利丁片擰乾後，放入鍋中。

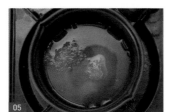

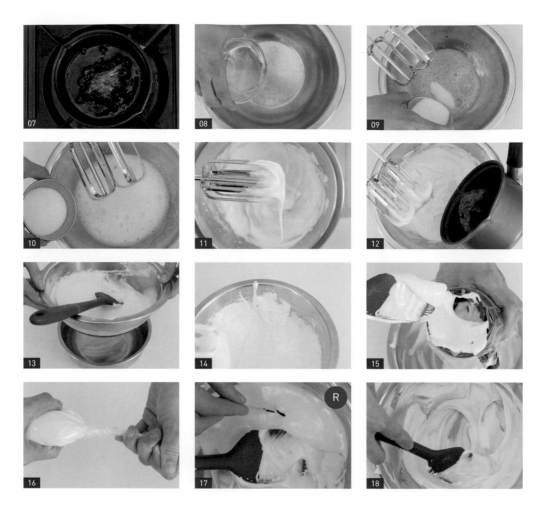

07 延續上一步，將吉利丁片加熱
　　融化，融化完放爐上備用。

B 蛋白霜製作

08 從冰箱將蛋白取出，倒入調理
　　盆中。

09 蛋白打發到出現大眼泡泡後，
　　加入 ½ 的細砂糖（2）。

10 繼續打發到蛋白呈現光滑細緻
　　後，倒入剩餘的細砂糖（2）。

11 最後打到蛋白為濕性打發後，
　　暫停打發。

C 棉花糖製作

12 融化完後，倒進蛋白霜 B 中。

13 隔熱水打發。

14 持續打到蛋白呈現不滴落的狀態，
　　最後盆內蛋白能沿盆壁流下後，流
　　痕緩緩消失便停止打發，棉花糖完
　　成。

15 棉花糖分成兩份，原色和紅色各一
　　份。把原色棉花糖裝入擠花袋中。

16 綁緊。

17 另一份棉花糖，加入紅色色膏。

18 攪拌均勻。

19 裝入擠花袋。

20 綁緊。

21　一共兩色的棉花糖。擠花袋隔熱水保溫。（註：避免棉花糖乾掉。）

22　蓋上鋁箔紙。（註：加強保溫效果。）

D　造型製作

23　烤盤鋪上烘焙布或是烘焙墊，並灑上日式太白粉。（註：避免棉花糖沾黏。）

24　紅色和原色棉花糖，都剪開小洞。

25　手垂直握擠花袋，先擠圓點 A。

26　再擠相鄰的圓點 B。

27　用牙籤將圓點 B 往下勾拉。

28　再往下勾拉圓點 A，和圓點 B 連結。

29　稍乾後，擠愛心上的亮點。

30　用牙籤勾劃亮點痕跡。

TIPS
① 棉花糖也可放在 45°C 的烤箱中保溫。
② 擠出棉花糖時有氣泡，可用牙籤挑破。

熊熊造型
棉花糖

工具 & 材料

INSTRUMENTS & INGREDIENTS

① 調理盆　　⑧ 耐熱刮刀
② 量匙　　　⑨ 烤箱
③ 電子秤　　⑩ 烤盤
④ 溫度計　　⑪ 烘焙布
⑤ 分蛋器　　⑫ 小網篩
⑥ 打蛋器　　⑬ 厚底鍋
⑦ 手持攪拌器　⑭ 擠花袋

Ⓐ	水麥芽	10g
	濃縮蔓越莓汁	20g
	覆盆子酒	10g
	細砂糖（1）（與果汁調和）	25g
	吉利丁片	3 片
Ⓑ	蛋白	35g
	細砂糖（2）（蛋白打發用）	35g

Ⓒ　色膏：● 紅色（Red（no-taste））＋
　　　　　　● 褐色（Copper）／身體
　　　　　　● 黑色（Black）／眼睛
　　　　日式太白粉 ⋯⋯⋯⋯⋯ 適量

🕐 約 40 分鐘　｜　🍪 約 25 個（10 元硬幣大小）

步驟說明
Step By Step

A 調味

01 　手沾濕後，取出水麥芽放到鍋中。

02 　加入濃縮蔓越莓汁。

03 　再倒進覆盆子酒。

04 　最後放入細砂糖（1），開火。

05 　煮到糖溶解。

06 　將吉利丁片擰乾後，放入鍋中。

07　延續上一步，將吉利丁片加熱融化，融化完放爐上備用。

B　蛋白霜製作

08　從冰箱將蛋白取出，倒入調理盆中。

09　蛋白打發到出現大眼泡泡後，加入 ½ 的細砂糖（2）。

10　繼續打發到蛋白呈現光滑細緻後，倒入剩餘的細砂糖（2）。

11　最後打到蛋白為濕性打發後，暫停打發。

C　棉花糖製作

12　融化完後，倒進蛋白霜 B 中。

13　隔熱水打發。

14　持續打到蛋白呈現不滴落的狀態，最後盆內蛋白能沿盆壁流下後，流痕緩緩消失便停止打發，棉花糖完成。

15　棉花糖分成三份，原色、紅色、褐色各一份。先把原色棉花糖裝入擠花袋中。

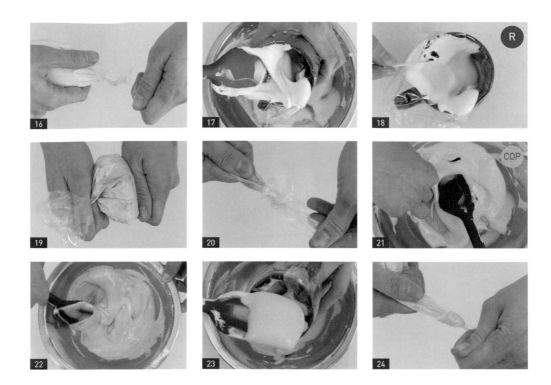

16　綁緊。

17　第二份蛋白糊，裝入擠花袋中。

18　加入紅色色膏。

19　搓揉染色。

20　綁緊。

21　最後一份棉花糖，加入褐色色膏。

22　攪拌均勻。

23　裝入擠花袋中。

24　綁緊。

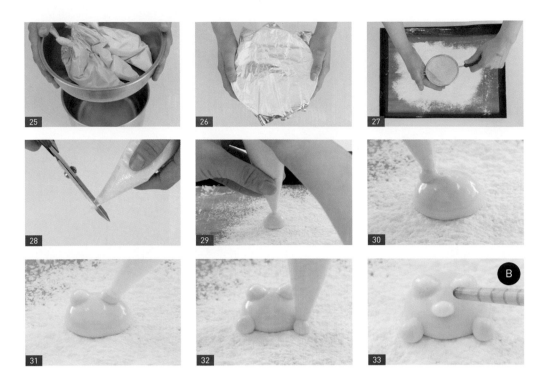

25 　一共有三種顏色的擠花袋。擠花袋隔熱水保溫。（註：避免棉花糖乾掉。）

26 　蓋上鋁箔紙。（註：加強保溫效果。）

D 造型製作

27 　烤盤鋪上烘焙布或是烘焙墊，並灑上日式太白粉。（註：避免棉花糖沾黏。）

28 　紅色和原色的擠花袋，剪開小洞。

29 　手垂直握擠花袋，用紅色擠出頭部。

30 　擠出耳朵。

31 　在耳朵未乾前，用原色或褐色擠出內耳。

32 　擠出手。

33 　用原色擠出鼻子。用竹筷或牙籤，沾上黑色色膏，點眼睛和鼻子。原色和褐色
　　的熊熊作法，同步驟 28 ～ 33。

.TIPS⁺
① 棉花糖也可放在 45°C 的烤箱中保溫。
② 擠出棉花糖時有氣泡，可用牙籤挑破。
③ 黑色色膏也可以改成竹炭粉加水調勻。

喵星人造型
棉花糖

喵星人造型棉花糖

工具	工具	材料	
① 調理盆	⑧ 耐熱刮刀	水麥芽	10g
② 量匙	⑨ 烤箱	濃縮蘋果汁	20g
③ 電子秤	⑩ 烤盤	Ⓐ 蘭姆酒	10g
④ 溫度計	⑪ 烘焙布	砂糖	25g
⑤ 分蛋器	⑫ 小網篩	吉利丁片	3 片
⑥ 打蛋器	⑬ 厚底鍋	Ⓑ 蛋白	35g
⑦ 手持攪拌器	⑭ 擠花袋	細砂糖	35g

Ⓒ 色粉：● 竹炭粉／身體、耳朵
色膏：● 黑色（Black）／眼睛

白色和草莓巧克力	適量
日式太白粉	適量

🕐 約 40 分鐘 ｜ 🍴 約 25 個（10 元硬幣大小）

步驟說明
Step By Step

A 調味

01　手沾濕後，取出水麥芽放到鍋中。

02　加入濃縮蘋果汁。

03　再倒下蘭姆酒。

04　最後放入砂糖，開火。

05　煮到糖溶解。

06　將吉利丁片擰乾後，放入鍋中。

07　延續上一步，將吉利丁片加熱融化，融化完放爐上備用。

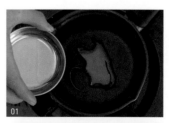

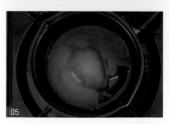

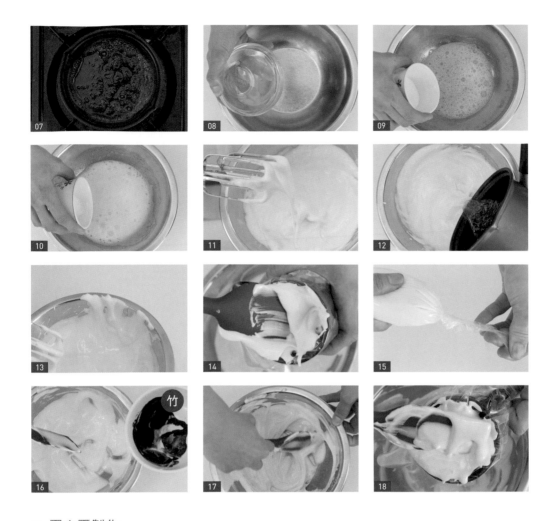

B 蛋白霜製作

08 從冰箱將蛋白取出，倒入調理盆中。

09 蛋白打發到出現大眼泡泡後，加入 ½ 的細砂糖。

10 繼續打發到蛋白呈現光滑細緻後，倒入剩餘的細砂糖。

11 最後打到蛋白為濕性打發後，暫停打發。

C 棉花糖製作

12 調味 A 倒進蛋白霜 B 中，隔熱水打發。

13 持續打到蛋白呈現不滴落的狀態，最後盆內蛋白能沿盆壁流下後，流痕緩緩消失便停止打發，棉花糖完成。

14 棉花糖分成兩份，原色和竹炭粉各一份。先把原色棉花糖，裝入擠花袋中。

15 綁緊。

16 竹炭粉加水拌勻，倒進剩餘的蛋白糊中。

17 攪拌均勻。

18 裝入擠花袋。

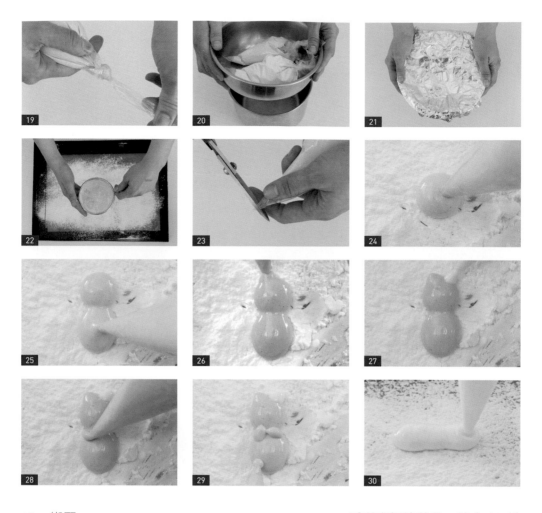

19 綁緊。

20 一共兩種顏色。擠花袋隔熱水保溫。
（註：避免棉花糖乾掉。）

21 蓋上鋁箔紙。（註：加強保溫效果。）

D 造型製作

22 烤盤鋪上烘焙布或是烘焙墊，並灑上
日式太白粉。（註：避免棉花糖沾黏。）

23 竹炭灰色和原色棉花糖，都剪開小洞。

24 手垂直握擠花袋，擠出 2D 造
型的頭。

25 擠出身體。

26 擠出一邊耳朵。

27 換顏色，擠出另一邊耳朵。

28 乾掉後，擠出手。

29 擠出腳。

30 擠 3D 造型的身體。

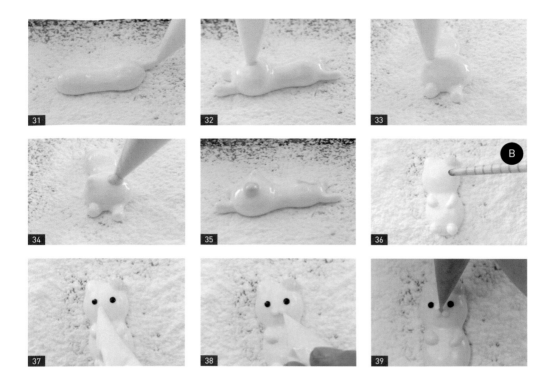

31 擠出手腳。

32 略乾後，擠出頭。

33 擠出一邊耳朵。

34 換顏色，擠出另一邊耳朵。

35 乾掉後，擠出尾巴。

36 用竹筷或牙籤，沾上黑色色膏，點眼睛。

37 把隔水加熱融化的白巧克力，裝入擠花袋剪開小洞，先點圓點 A 在貓臉上。

38 再點圓點 B 在 A 旁邊，做鼻子。

39 最後將隔水加熱融化的草莓巧克力，裝入擠花袋剪開小洞，擠在兩點中間，
     做鼻尖。（註：隔水避免直火燒焦。）

TIPS

① 棉花糖也可放在 45℃ 的烤箱中保溫。

② 擠出棉花糖時有氣泡，可用牙籤挑破。

③ 黑色色膏也可以改成竹炭粉加水調勻。

④ 竹炭粉加水做的棉花糖易乾。

蝴蝶結造型
棉花糖

① 調理盆	⑧ 耐熱刮刀			
② 量匙	⑨ 烤箱	A	水麥芽	10g
③ 電子秤	⑩ 烤盤		草莓酒	30g
④ 溫度計	⑪ 烘焙布		細砂糖（1）（與果汁調和）	25g
⑤ 分蛋器	⑫ 小網篩		吉利丁片	3 片
⑥ 打蛋器	⑬ 厚底鍋	B	蛋白	35g
⑦ 手持攪拌器	⑭ 擠花袋		細砂糖（2）（蛋白打發用）	35g

A 水麥芽 —————— 10g
草莓酒 —————— 30g
細砂糖（1）（與果汁調和）—— 25g
吉利丁片 —————— 3 片
B 蛋白 —————— 35g
細砂糖（2）（蛋白打發用）—— 35g
C 色膏：● 紅色（Red（no-taste））+
○ 鵝黃色（Lemon Yellow）／
蝴蝶結
日式太白粉 —————— 適量

⏱ 約 40 分鐘 │ 🍬 約 25 個（10 元硬幣大小）

步驟說明
Step By Step

A 調味

01　手沾濕後，取出水麥芽放到鍋中。

02　加入草莓酒。

03　再倒下細砂糖（1），開火。

04　煮到糖溶解。

05　將吉利丁片擰乾後，放入鍋中。

06　延續上一步，將吉利丁片加熱融
　　化，融化完放爐上備用。

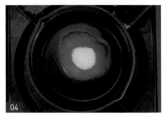

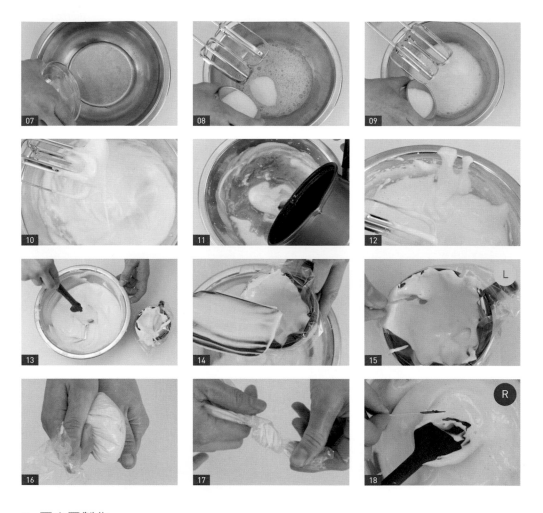

B 蛋白霜製作

07　從冰箱將蛋白取出，倒入調理盆中。

08　蛋白打發到出現大眼泡泡後，加入 ½ 的細砂糖（2）。

09　繼續打發到蛋白呈現光滑細緻後，倒入剩餘的細砂糖（2）。

10　最後打到蛋白為濕性打發後，暫停打發。

C 棉花糖製作

11　調味 A 倒進蛋白霜 B 中，隔熱水打發。

12　持續打到蛋白呈現不滴落的狀態，最後盆內蛋白能沿盆壁流下後，流痕緩緩消失便停止打發，棉花糖完成。

13　棉花糖分成兩份，紅色和鵝黃色各一份。

14　先把一份棉花糖，裝入擠花袋中。

15　加入鵝黃色色膏。

16　搓揉染色。

17　綁緊。

18　另一份蛋白糊，加入紅色色膏。

19　攪拌均勻。

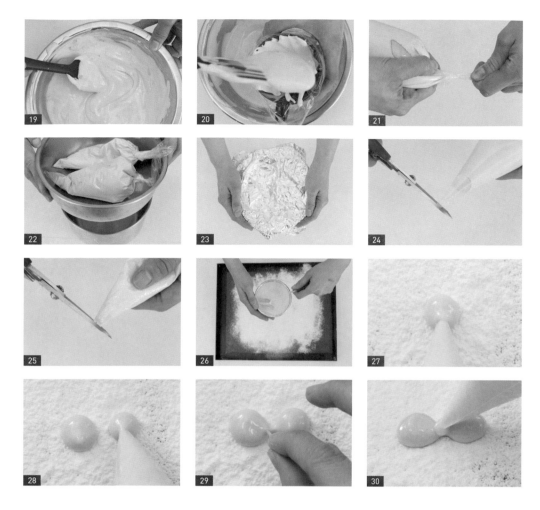

20 裝入擠花袋。

21 綁緊。

22 一共兩色棉花糖。擠花袋隔熱水保溫。（註：避免棉花糖乾掉。）

23 蓋上鋁箔紙。（註：加強保溫效果。）

D 造型製作

24 把紅色棉花糖，剪開小洞。

25 鵝黃色棉花糖，也剪開小洞。

26 烤盤鋪上烘焙布或是烘焙墊，並灑上日式太白粉。（註：避免棉花糖沾黏。）

27 手垂直握擠花袋，擠出蝴蝶結一邊的帶子。

28 隔一點距離，擠另外一邊的帶子。

29 用牙籤勾劃，連結兩邊的帶子。

30 用另一個顏色，擠在中間做蝴蝶結的結。鵝黃色的蝴蝶結，作法同步驟 27 ～ 30。

TIPS
① 棉花糖也可放在 45°C 的烤箱中保溫。
② 擠出棉花糖時有氣泡，可用牙籤挑破。

戚風蛋糕

CHIFFON CAKE
making

香草戚風蛋糕

- ⏱ 約 50 分鐘
- 🍽 3 人（5 吋）
- ♨ 每台烤箱溫度不同，根據實際狀況做預熱動作

工具 INSTRUMENTS

① 5 吋戚風中空紙模
② 調理盆
③ 量匙
④ 電子秤
⑤ 溫度計
⑥ 量杯
⑦ 分蛋器
⑧ 打蛋器
⑨ 手持攪拌器
⑩ 麵粉篩網
⑪ 小網篩
⑫ 一般刮刀
⑬ 耐熱刮刀
⑭ 烤箱
⑮ 烤盤

材料 INGREDIENTS

Ⓐ	蛋黃	5 顆
	細砂糖（1）（麵糊用）	26g
	液態油	50g
	鮮奶	50g
	低筋麵粉	60g
	玉米粉	17g
	香草醬	適量
Ⓑ	蛋白	5 顆
	細砂糖（2）（打發蛋白用）	50g

A 麵糊製作

01　蛋黃倒入調理盆中。

02　攪拌均勻。

03　加入細砂糖（1）。

04　再倒下液態油。

05　攪拌均勻。

06　最後加入鮮奶。

07　攪拌均勻。

08　倒進過篩好的低筋麵粉。

09　再把過篩過的玉米粉倒入。

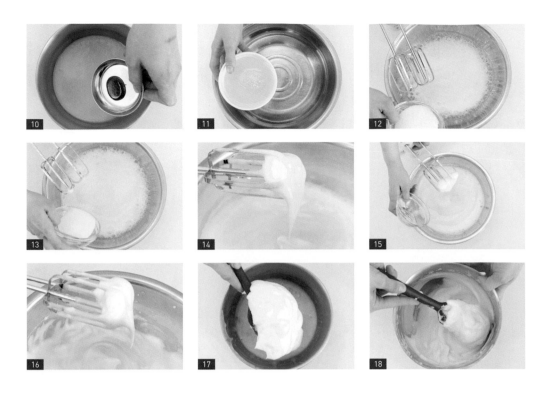

10　最後添加適量香草醬，攪拌均勻後，放置一邊備用。

B　蛋白霜製作

11　從冰箱將蛋白取出，倒入調理盆中。

12　把蛋白打發到出現大眼泡泡，加入 ⅓ 的細砂糖（2）（第 1 次）。

13　繼續打發到光滑細緻後，再加 ⅓ 的糖（第 2 次）。

14　最後打到蛋白呈濕性打發。

15　倒進剩餘的糖（第 3 次）。

16　打到蛋白為乾性打發後，蛋白霜完成。

C 蛋糕體製作

17　把蛋白霜分一部份倒入麵糊中,用刮刀翻拌。

18　延續上一步,倒回剩餘的蛋白霜中,翻拌均勻。

19　紙模包上鋁箔紙。

20　把麵糊倒入模中,稍微搖晃使表面平整。

21　放入烤箱前,輕震紙模,讓空氣釋出。

22　家用烤箱溫度上火 150°C /下火 150°C,烤 30 分鐘,在第 20 分鐘時,烤盤
　　調頭。(註:專業烤箱則是上火 200°C /下火 130°C。)

23　出爐後,再次輕震紙模,讓空氣釋出。

24　倒扣放涼後,撕開紙模幫蛋糕體脫模。

紫芋戚風蛋糕

🕐 約 50 分鐘　　🍽 3 人（5 吋）

🔥 每台烤箱溫度不同，根據實際狀況做預熱動作

工具 INSTRUMENTS

① 5 吋戚風中空紙模
② 調理盆
③ 量匙
④ 電子秤
⑤ 溫度計
⑥ 量杯
⑦ 分蛋器
⑧ 打蛋器
⑨ 手持攪拌器
⑩ 麵粉篩網
⑪ 小網篩
⑫ 一般刮刀
⑬ 耐熱刮刀
⑭ 烤箱
⑮ 烤盤

材料 INGREDIENTS

A 蛋黃 .... 5 顆
　　細砂糖（1）（麵糊
　　用）........................... 26g
　　液態油 50g
　　鮮奶 50g
　　低筋麵粉 60g
　　玉米粉 17g
　　紫芋粉 12g
　　飲用水 36g
B 蛋白 .... 5 顆
　　細砂糖（2）（打發
　　蛋白用）.................. 50g

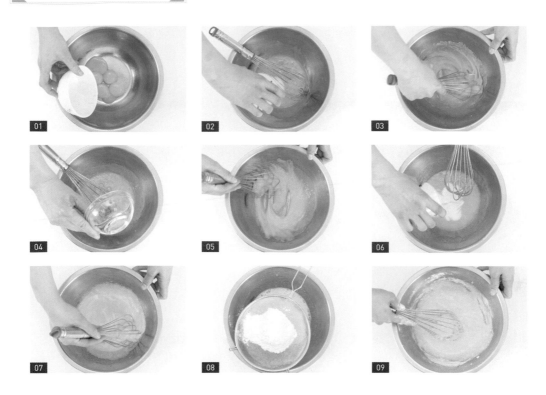

A 麵糊製作

01　蛋黃倒入調理盆中。

02　加入細砂糖（1）。

03　攪拌均勻。

04　再倒入液態油。

05　攪拌均勻。

06　最後加入鮮奶。

07　攪拌均勻。

08　延續上一步，將低筋麵粉與玉米粉過篩倒進。

09　攪拌均勻。

10　紫芋粉加水拌勻成糊。

11　加到步驟 9。

12　攪拌均勻後，放置一邊備用。

B　蛋白霜製作

13　從冰箱將蛋白取出，倒入調理盆中。

14　把蛋白打發到出現大眼泡泡，加入 ⅓ 的細砂糖（2）（第 1 次）。

15　繼續打發到光滑細緻後，再加 ⅓ 的糖（第 2 次）。

16　最後打到蛋白呈濕性打發，倒進剩餘的糖（第 3 次）。

17　打到蛋白為乾性打發後，蛋白霜完成。

C　蛋糕體製作

18　把蛋白霜分一部份倒入麵糊中，用刮刀翻拌。

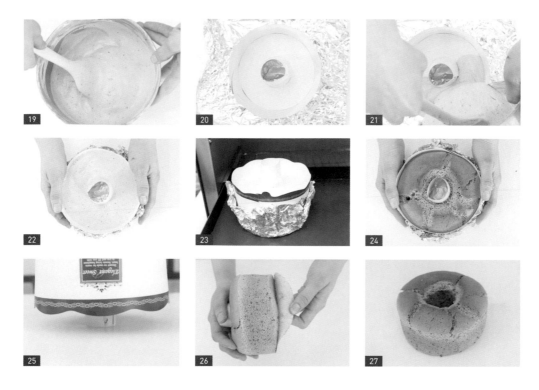

19 延續上一步，倒回剩餘的蛋白霜中，翻拌均勻。

20 紙模包上鋁箔紙。

21 把麵糊倒入模中，稍微搖晃使表面平整。

22 放入烤箱前，輕震紙模，讓空氣釋出。

23 家用烤箱溫度上火 150°C ∕下火 150°C，烤 30 分鐘，在第 20 分鐘時，烤盤調頭。（註：專業烤箱則是上火 200°C ∕下火 130°C。）

24 出爐，再次輕震紙模，讓空氣釋出。

25 倒扣放涼。

26 幫蛋糕體脫模。

27 蛋糕體製作完成。

紅麴戚風蛋糕

🕐 約 50 分鐘　　🍰 4 人（6 吋）

🔥 每台烤箱溫度不同，根據實際狀況做預熱動作

工具 INSTRUMENTS

① 6 吋陽極活動模
② 調理盆
③ 量匙
④ 電子秤
⑤ 溫度計
⑥ 量杯
⑦ 分蛋器
⑧ 打蛋器
⑨ 手持攪拌器
⑩ 麵粉篩網
⑪ 小網篩
⑫ 一般刮刀
⑬ 耐熱刮刀
⑭ 烤箱
⑮ 烤盤
⑯ 烤盤油

材料 INGREDIENTS

Ⓐ
蛋黃	5 顆
細砂糖（1）（麵糊用）	26g
液態油	50g
鮮奶	50g
低筋麵粉	60g
玉米粉	17g
紅麴粉	12g
飲用水	36g

Ⓑ
蛋白	5 顆
細砂糖（2）（打發蛋白用）	50g

A 麵糊製作

01 蛋黃倒入調理盆中。

02 攪拌均勻。

03 加入細砂糖（1）。

04 攪拌均勻。

05 再倒下液態油。

06 攪拌均勻。

07 最後加入鮮奶，攪拌均勻。

08 倒進過篩好的低筋麵粉，再把過篩過的玉米粉倒入。

09 攪拌均勻。

10 紅麴粉加水拌勻成糊。

11 延續上一步，加入步驟 9 中。

12 攪拌均勻後，放置一邊備用。

B 蛋白霜製作

13 從冰箱將蛋白取出，倒入調理盆中。

14 把蛋白打發到出現大眼泡泡，加入 ⅓ 的細砂糖（2）（第 1 次）。

15 繼續打發到光滑細緻後，再加 ⅓ 的糖（第 2 次）。

16 最後打到蛋白呈濕性打發，倒進剩餘的糖（第 3 次）。

17 打到蛋白為乾性打發後，蛋白霜完成。

C 蛋糕體製作

18 把蛋白霜分一部份倒入麵糊中，用刮刀翻拌。

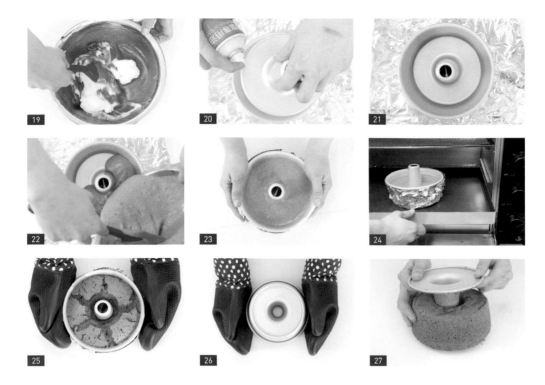

19 延續上一步，倒回剩餘的蛋白霜中，翻拌均勻。

20 陽極模底部噴油。

21 包上鋁箔紙。

22 把麵糊倒入模中，稍微搖晃使表面平整。

23 放入烤箱前，輕震陽極模，讓空氣釋出。

24 家用烤箱溫度上火 150℃ ／下火 150℃，烤 30 分鐘，在第 20 分鐘時，烤盤
    調頭。（註：專業烤箱則是上火 200℃ ／下火 130℃。）

25 出爐後，再次輕震陽極模，讓空氣釋出。

26 倒扣放涼。

27 幫蛋糕體脫模。

抹茶戚風蛋糕

CHIFFON 04

- ⏱ 約 50 分鐘
- 🍰 4 人（6 吋）
- 🔥 每台烤箱溫度不同，根據實際狀況做預熱動作

工具 INSTRUMENTS

- ① 6 吋天使不沾模
- ② 調理盆
- ③ 量匙
- ④ 電子秤
- ⑤ 溫度計
- ⑥ 量杯
- ⑦ 分蛋器
- ⑧ 打蛋器
- ⑨ 手持攪拌器
- ⑩ 麵粉篩網
- ⑪ 小網篩
- ⑫ 一般刮刀
- ⑬ 耐熱刮刀
- ⑭ 烤箱
- ⑮ 烤盤
- ⑯ 烤盤油

材料 INGREDIENTS

Ⓐ	蛋黃	5 顆
	細砂糖（1）（麵糊用）	26g
	液態油	50g
	鮮奶	50g
	低筋麵粉	60g
	玉米粉	17g
	抹茶粉	12g
	飲用水	36g
Ⓑ	蛋白	5 顆
	細砂糖（2）（打發蛋白用）	50g

A 麵糊製作

01　蛋黃倒入調理盆中。

02　攪拌均勻。

03　加入細砂糖（1）。

04　攪拌均勻。

05　再倒下液態油。

06　攪拌均勻。

07　最後加入鮮奶，攪拌均勻。

08　倒進過篩好的低筋麵粉。

09　再把過篩過的玉米粉倒入。

10   攪拌均勻。

11   抹茶粉加水拌勻成糊。

12   加入步驟 10 中，攪拌均勻後，放置一邊備用。

B 蛋白霜製作

13   從冰箱將蛋白取出，倒入調理盆中。

14   把蛋白打發到出現大眼泡泡，加入 ⅓ 的細砂糖（2）（第 1 次）。

15   繼續打發到光滑細緻後，再加 ⅓ 的糖（第 2 次）。

16   最後打到蛋白呈濕性打發，倒進剩餘的糖（第 3 次）。

17   打到蛋白為乾性打發後，蛋白霜完成。

C 蛋糕體製作

18   把蛋白霜分一部份倒入麵糊中，用刮刀翻拌。

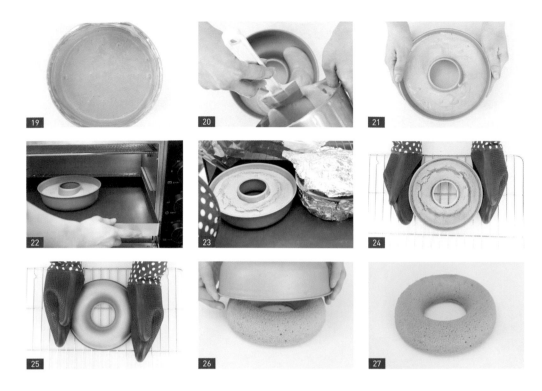

19　延續上一步，倒回剩餘的蛋白霜中，翻拌均勻。

20　把麵糊倒入模中，稍微搖晃使表面平整。

21　放入烤箱前，輕震天使模，讓空氣釋出。

22　家用烤箱溫度上火 150°C／下火 150°C，烤 30 分鐘，在第 20 分鐘時，烤盤調頭。（註：專業烤箱則是上火 200°C／下火 130°C。）

23　出爐。

24　再次輕震天使模，讓空氣釋出。

25　倒扣放涼。

26　幫蛋糕體脫模。

27　蛋糕體製作完成。

可可戚風蛋糕

🕐 約 50 分鐘　　🍽 3 人（5 吋）

🔥 每台烤箱溫度不同，根據實際狀況做預熱動作

工具 INSTRUMENTS

① 5 吋戚風中空紙模
② 調理盆
③ 量匙
④ 電子秤
⑤ 溫度計
⑥ 量杯
⑦ 分蛋器
⑧ 打蛋器
⑨ 手持攪拌器
⑩ 麵粉篩網
⑪ 小網篩
⑫ 一般刮刀
⑬ 耐熱刮刀
⑭ 烤箱
⑮ 烤盤

材料 INGREDIENTS

A	蛋黃	5 顆
	細砂糖（1）（麵糊用）	26g
	液態油	50g
	鮮奶	50g
	低筋麵粉	60g
	玉米粉	17g
	可可粉	12g
	飲用水	36g
B	蛋白	5 顆
	細砂糖（2）（打發蛋白用）	50g

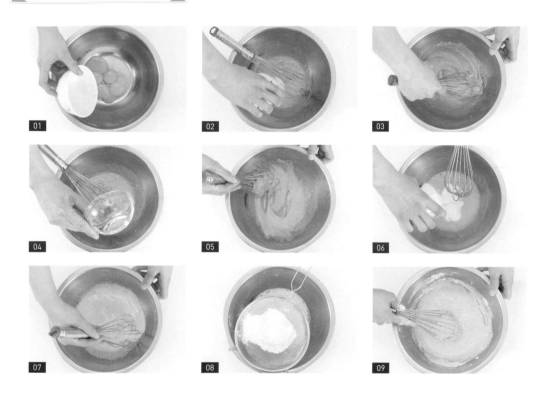

A 麵糊製作

01 蛋黃倒入調理盆中，攪拌均勻。

02 加入細砂糖（1）。

03 攪拌均勻。

04 再倒下液態油。

05 攪拌均勻。

06 最後加入鮮奶。

07 攪拌均勻。

08 延續上一步，倒進過篩好的低筋麵粉與玉米粉。

09 攪拌均勻。

10 可可粉加水拌勻成糊。

11 加入步驟 9 中。

12 攪拌均勻後，放置一邊備用。

B 蛋白霜製作

13 從冰箱將蛋白取出，倒入調理盆中。

14 把蛋白打發到出現大眼泡泡，加入 ⅓ 的細砂糖（2）（第 1 次）。

15 繼續打發到光滑細緻後，再加 ⅓ 的糖（第 2 次）。

16 最後打到蛋白呈濕性打發，倒進剩餘的糖（第 3 次）。

17 打到蛋白為乾性打發後，蛋白霜完成。

C 蛋糕體製作

18 把蛋白霜分一部份倒入麵糊中，用刮刀翻拌。

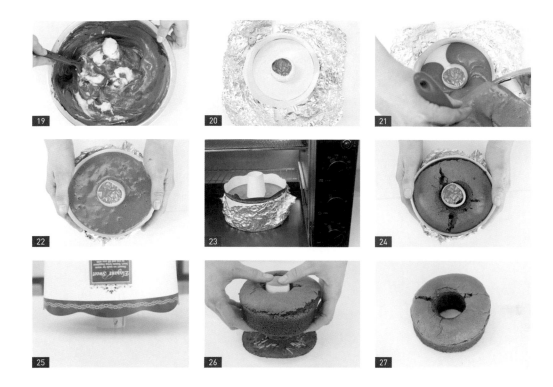

19   延續上一步，倒回剩餘的蛋白霜中，翻拌均勻。

20   紙模包上鋁箔紙。

21   把麵糊倒入模中，稍微搖晃使表面平整。

22   放入烤箱前，輕震紙模，讓空氣釋出。

23   家用烤箱溫度上火 150°C ／下火 150°C，烤 30 分鐘，在第 20 分鐘時，烤盤
      調頭。（註：專業烤箱則是上火 200°C ／下火 130°C。）

24   出爐後，再次輕震紙模，讓空氣釋出。

25   倒扣放涼。

26   幫蛋糕體脫模。

27   蛋糕體製作完成。

····● T I P S ●····

         鮮奶可用濃縮牛乳替代，乳值數更高，蛋糕體口感更綿密。

果乾戚風蛋糕

🕐 約 50 分鐘　　🍴 4 人（咕咕霍芙模 4 個）

🔥 每台烤箱溫度不同，根據實際狀況做預熱動作

工具 INSTRUMENTS

① 咕咕霍芙模
② 調理盆
③ 量匙
④ 電子秤
⑤ 溫度計
⑥ 量杯
⑦ 分蛋器
⑧ 打蛋器
⑨ 手持攪拌器
⑩ 麵粉篩網
⑪ 小網篩
⑫ 一般刮刀
⑬ 耐熱刮刀
⑭ 烤箱
⑮ 烤盤
⑯ 烤盤油

材料 INGREDIENTS

Ⓐ 蛋黃 ⋯⋯⋯⋯⋯⋯ 5 顆

　 細砂糖（1）（麵糊
　 用） ⋯⋯⋯⋯⋯⋯ 26g

　 液態油 ⋯⋯⋯⋯⋯ 50g

　 鮮奶 ⋯⋯⋯⋯⋯⋯ 50g

　 低筋麵粉 ⋯⋯⋯⋯ 60g

　 玉米粉 ⋯⋯⋯⋯⋯ 17g

　 各類果乾 ⋯ 總共 50g

Ⓑ 蛋白 ⋯⋯⋯⋯⋯⋯ 5 顆

　 細砂糖（2）（打發
　 蛋白用） ⋯⋯⋯⋯ 50g

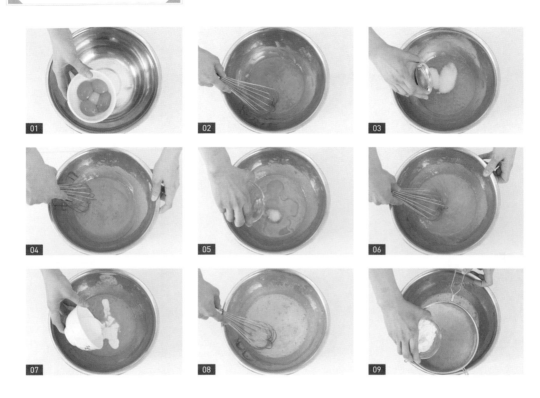

A 麵糊製作

01 蛋黃倒入調理盆中。

02 攪拌均勻。

03 加入細砂糖（1）。

04 攪拌均勻。

05 再倒下液態油。

06 攪拌均勻。

07 最後加入鮮奶。

08 攪拌均勻。

09 倒進過篩好的低筋麵粉。

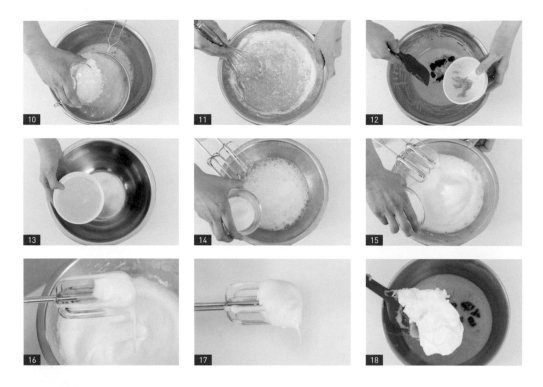

10 再把過篩過的玉米粉倒入。

11 攪拌均勻。

12 放入果乾，攪拌均勻後，放置一邊備用。

B 蛋白霜製作

13 從冰箱將蛋白取出，倒入調理盆中。

14 把蛋白打發到出現大眼泡泡，加入 ⅓ 的細砂糖（2）（第 1 次）。

15 繼續打發到光滑細緻後，再加 ⅓ 的糖（第 2 次）。

16 最後打到蛋白呈濕性打發，倒進剩餘的糖（第 3 次）。

17 打到蛋白為乾性打發後，蛋白霜完成。

C 蛋糕體製作

18 把蛋白霜分一部份倒入麵糊中，用刮刀翻拌。

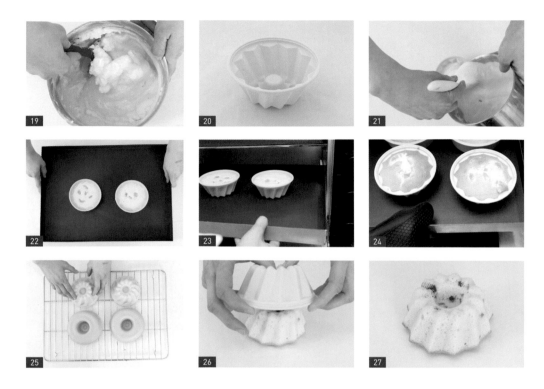

19　延續上一步，倒回剩餘的蛋白霜中，翻拌均勻。

20　咕咕霍芙模預備噴油。（註：新模噴油，舊模不用。）

21　把麵糊倒入模中，稍微搖晃使表面平整。

22　放入烤箱前，輕震咕咕霍芙模，讓空氣釋出。

23　家用烤箱溫度上火 150℃／下火 150℃，烤 30 分鐘，在第 20 分鐘時，烤盤調頭。（註：專業烤箱則是上火 200℃／下火 130℃。）

24　出爐。

25　再次輕震咕咕霍芙模，讓空氣釋出後，倒扣放涼。

26　幫蛋糕體脫模。

27　蛋糕體製作完成。

奶茶戚風蛋糕

🕐 約 50 分鐘　　🍽 4 人（6 吋）

🔥 每台烤箱溫度不同，根據實際狀況做預熱動作

工具 INSTRUMENTS

① 6 吋不沾固定模
② 手持攪拌器
③ 麵粉篩網
④ 一般刮刀
⑤ 耐熱刮刀
⑥ 調理盆
⑦ 量匙　　⑫ 打蛋器
⑧ 電子秤　⑬ 小網篩
⑨ 溫度計　⑭ 烤箱
⑩ 量杯　　⑮ 烤盤
⑪ 分蛋器　⑯ 烤盤油

材料 INGREDIENTS

Ⓐ	蛋黃	6 顆
	細砂糖（1）（麵糊用）	30g
	液態油	60g
	鮮奶	50g
	低筋麵粉	72g
	玉米粉	20g
	濃縮牛乳	50g
	飲用水	50g
	茶包	2 包
Ⓑ	蛋白	6 顆
	細砂糖（2）（打發蛋白用）	60g

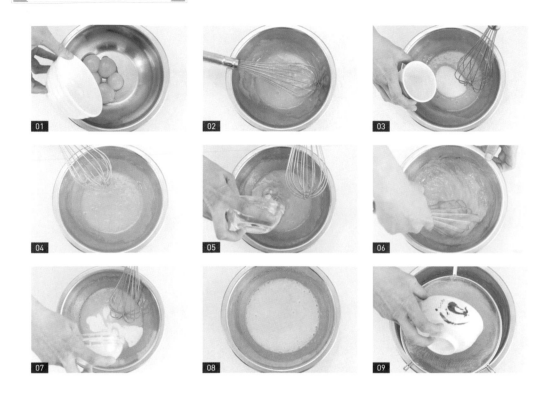

A 麵糊製作

01 將一包茶包拆開，倒出茶葉和濃縮牛乳、水一同煮開做成奶茶。再將蛋黃取出，倒入調理盆中。

02 攪拌均勻。

03 加入細砂糖（1）。

04 攪拌均勻。

05 再倒下液態油。

06 攪拌均勻。

07 最後加入鮮奶。

08 攪拌均勻。

09 倒進過篩好的低筋麵粉。

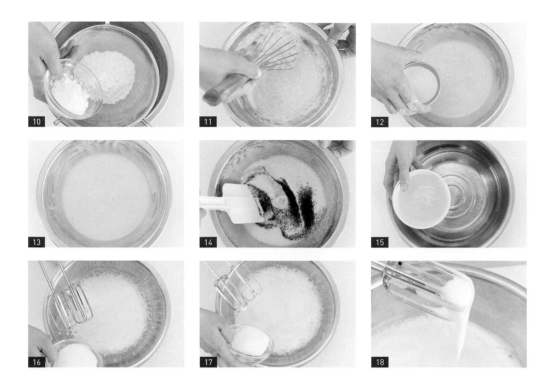

10 再把過篩過的玉米粉倒入。

11 攪拌均勻。

12 加入奶茶。

13 攪拌均勻。

14 延續上一步，把茶包拆開，將茶粉磨細後倒入，攪拌均勻，放置一邊備用。

B 蛋白霜製作

15 從冰箱將蛋白取出，倒入調理盆中。

16 把蛋白打發到出現大眼泡泡，加入 ⅓ 的細砂糖（2）（第 1 次）。

17 繼續打發到光滑細緻後，再加 ⅓ 的糖（第 2 次）。

18 最後打到蛋白呈濕性打發，倒進剩餘的糖（第 3 次）。

19　打到蛋白為乾性打發後，蛋白霜完成。

C　蛋糕體製作

20　把蛋白霜分一部份倒入麵糊中，用刮刀翻拌。

21　延續上一步，倒回剩餘的蛋白霜中，翻拌均勻。

22　不沾模底部噴油。

23　把麵糊倒入模中，稍微搖晃使表面平整。

24　放入烤箱前，輕震不沾模，讓空氣釋出。

25　家用烤箱溫度上火 150°C ／下火 150°C，烤 30 分鐘，在第 20 分鐘時，烤盤調頭。（註：專業烤箱則是上火 200°C ／下火 130°C。）

26　出爐，再次輕震不沾模，讓空氣釋出，然後倒扣。

27　放涼後，幫蛋糕體脫模。

芝麻戚風蛋糕

🕐 約 50 分鐘　　📷 2 人（甜甜圈模 2 個）

🔥 每台烤箱溫度不同，根據實際狀況做預熱動作

工具 INSTRUMENTS

① 甜甜圈模
② 調理盆
③ 量匙
④ 電子秤
⑤ 溫度計
⑥ 量杯
⑦ 分蛋器
⑧ 打蛋器
⑨ 手持攪拌器
⑩ 麵粉篩網
⑪ 小網篩
⑫ 一般刮刀
⑬ 耐熱刮刀
⑭ 烤箱
⑮ 烤盤
⑯ 烤盤油

材料 INGREDIENTS

Ⓐ 蛋黃		5 顆
細砂糖（1）（麵糊用）		26g
液態油		50g
鮮奶		50g
低筋麵粉		50g
玉米粉		17g
芝麻粉		12g
Ⓑ 蛋白		5 顆
細砂糖（2）（打發蛋白用）		50g

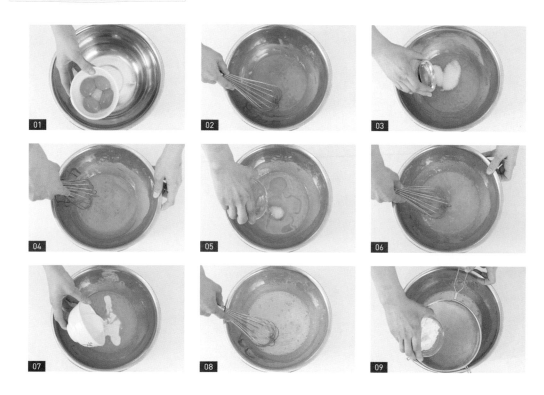

A 麵糊製作

01　蛋黃倒入調理盆中。

02　攪拌均勻。

03　加入細砂糖（1）。

04　攪拌均勻。

05　再倒下液態油。

06　攪拌均勻。

07　最後加入鮮奶。

08　攪拌均勻。

09　倒進過篩好的低筋麵粉。

10   再把過篩過的玉米粉倒入。

11   攪拌均勻。

12   最後加入過篩完成的芝麻粉。

13   攪拌均勻後，放置一邊備用。

B 蛋白霜製作

14   從冰箱將蛋白取出，倒入調理盆中。

15   把蛋白打發到出現大眼泡泡，加入 ⅓ 的細砂糖（2）（第 1 次）。

16   繼續打發到光滑細緻後，再加 ⅓ 的糖（第 2 次）。

17   最後打到蛋白呈濕性打發，加入剩餘的糖（第 3 次）。

18   打到蛋白為乾性打發後，蛋白霜完成。

C 蛋糕體製作

19 把蛋白霜分一部份倒入麵糊中，用刮刀翻拌。

20 延續上一步，倒回剩餘的蛋白霜中，翻拌均勻。

21 甜甜圈模全部噴油。（註：新模噴油。）

22 麵糊倒入模中，稍微搖晃使表面平整。

23 放入烤箱前，輕震甜甜圈模，讓空氣釋出。

24 家用烤箱溫度上火 150℃／下火 150℃，烤 30 分鐘，在第 20 分鐘時，烤盤調頭。（註：專業烤箱則是上火 200℃／下火 130℃。）

25 出爐。

26 輕震甜甜圈模，讓空氣釋出後，倒扣放涼。

27 幫蛋糕體脫模。

竹炭戚風蛋糕

🕐 約 50 分鐘　　📷 3 人（5 吋）

🔥 每台烤箱溫度不同，根據實際狀況做預熱動作

工具 INSTRUMENTS

① 5 吋戚風中空紙模
② 調理盆
③ 量匙
④ 電子秤
⑤ 溫度計
⑥ 量杯
⑦ 分蛋器
⑧ 打蛋器
⑨ 手持攪拌器
⑩ 麵粉篩網
⑪ 小網篩
⑫ 一般刮刀
⑬ 耐熱刮刀
⑭ 烤箱
⑮ 烤盤

材料 INGREDIENTS

Ⓐ
蛋黃	5 顆
細砂糖（1）（麵糊用）	26g
液態油	50g
濃縮牛乳	50g
低筋麵粉	60g
玉米粉	17g
竹炭粉	6g
飲用水	18g

Ⓑ
| 蛋白 | 5 顆 |
| 細砂糖（2）（打發蛋白用） | 50g |

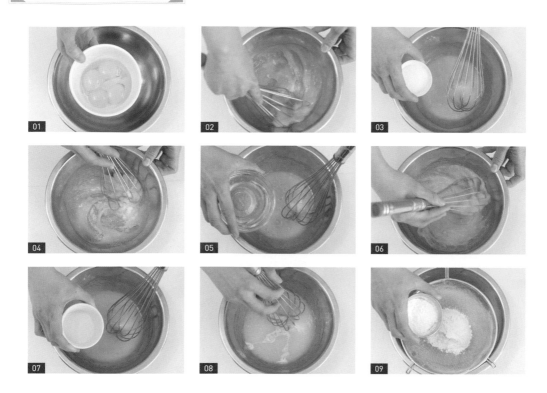

A 麵糊製作

01　蛋黃倒入調理盆中。

02　攪拌均勻。

03　加入細砂糖（1）。

04　攪拌均勻。

05　再倒下液態油。

06　攪拌均勻。

07　最後加入濃縮牛乳。

08　攪拌均勻。

09　倒倒進過篩好的低筋麵粉，再把過篩過的玉米粉倒入。

10 攪拌均勻。

11 竹炭粉加水拌勻成糊。

12 加入步驟 10 中。

13 攪拌均勻，放置一邊備用。

B 蛋白霜製作

14 從冰箱將蛋白取出，倒入調理盆中。

15 打發到出現大眼泡泡，加入 ⅓ 的細砂糖（2）（第 1 次）。

16 繼續打發到光滑細緻後，再加入 ⅓ 的糖（第 2 次）。

17 最後打到打蛋器上的蛋白，呈現濕性打發後，倒進剩餘的糖（第 3 次）。

18 持續打到打蛋器上的蛋白呈現乾性打發，蛋白霜完成。

C 蛋糕體製作

19　把蛋白霜分一部份倒入麵糊中，用刮刀翻拌。

20　延續上一步，倒回剩餘的蛋白霜中，翻拌均勻。

21　紙模用鋁箔紙包起。

22　把麵糊倒入模中，稍微搖晃使表面平整。

23　放入烤箱前，輕震紙模，讓空氣釋出。

24　家用烤箱溫度上火 150°C／下火 150°C，烤 30 分鐘，在第 20 分鐘時，烤盤
　　調頭。（註：專業烤箱則是上火 200°C／下火 130°C。）

25　出爐，再次輕震紙模，讓空氣釋出。

26　倒扣放涼。

27　幫蛋糕體脫模。

創意組合

CREATIVE
COMBINATION

香橙戚風蛋糕捲

- ⏱ 約 50 分鐘
- 🍰 6 捲
- ♨ 每台烤箱溫度不同，根據實際
  狀況做預熱動作

工具材料
INSTRUMENTS & INGREDIENTS

① 調理盆
② 量匙
③ 電子秤
④ 溫度計
⑤ 均質機
⑥ 分蛋器
⑦ 打蛋器
⑧ 手持攪拌器
⑨ 麵粉篩網
⑩ 小網篩
⑪ 一般刮刀
⑫ 耐熱刮刀
⑬ 刮板
⑭ 烤箱
⑮ 烤盤
⑯ 烘焙紙
⑰ 擠花袋
⑱ 花型花嘴
⑲ 擀麵棍
⑳ 切麵刀
㉑ 抹面刀
㉒ 鍋具
㉓ 白報紙

◆ 蛋糕體

Ⓐ	酒漬橙皮	30g
	橙酒	20g
Ⓑ	液態油	70g
	濃縮柳橙汁	60g
	低筋麵粉	50g
	玉米粉	10g
Ⓒ	全蛋（常溫）	2 顆
	蛋黃	4 顆
	蛋白	4 顆
Ⓓ	細砂糖	80g
	濃縮檸檬汁	5c.c

◆ 香橙慕斯內餡

飲用水	適量
白巧克力	60g
動物性鮮奶油（1）	100g
柳橙果醬	25g
馬斯卡彭乳酪	30g
橙酒	2g
動物性鮮奶油（2）	150g

◆ 裝飾

酒漬橙皮	適量
果乾	適量
蔓越莓	適量

步驟製作
STEP BY STEP

PART ❶ 蛋糕體製作

Ⓐ 調味

01　將酒漬橙皮、橙酒混合，浸泡約 10 分鐘，讓橙皮香氣入味。

Ⓑ 燙麵

02　低筋麵粉和玉米粉一起過篩，放置一邊備用。

03　液態油倒入鍋中。

04　加入濃縮柳橙汁。

05　延續上一步，隔水加熱到 65℃。

06　把過篩好的粉類倒入步驟 5。

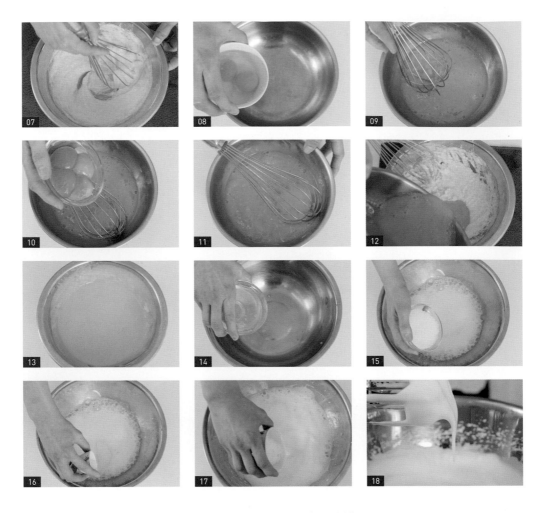

D 蛋白霜製作

07 攪拌均勻後放一邊備用。

14 從冰箱將蛋白取出,倒入調理盆中。

C 麵糊製作

15 把蛋白打發到出現大眼泡泡,加入 ⅓ 的細砂糖(第 1 次)。

08 全蛋倒入調理盆中。

16 添加濃縮檸檬汁。

09 拌勻打發。

17 繼續打發到光滑細緻後,再加 ⅓ 的 糖(第 2 次)。

10 再加入蛋黃。

18 最後打到蛋白呈濕性打發。

11 拌勻。

12 倒入燙麵 B 中。

13 攪拌均勻。

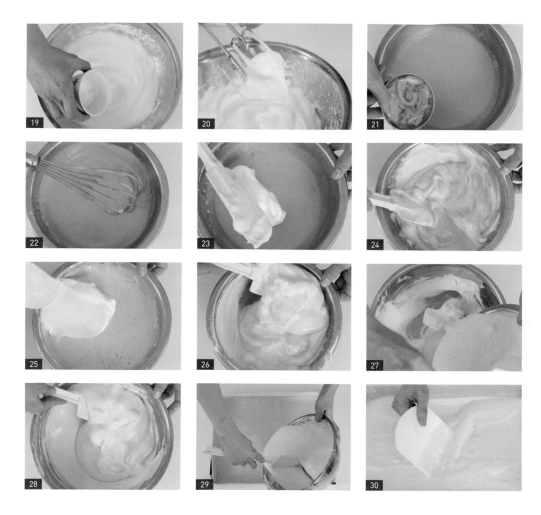

19　倒進剩餘的糖（第3次）。

20　打到蛋白為乾性打發後，蛋白霜
　　完成。

E　蛋糕體製作

21　把調味A倒入麵糊中。

22　攪拌均勻。

23　先加 ⅓ 的蛋白霜到麵糊中。

24　翻拌。

25　再放入 ⅓ 的蛋白霜。

26　繼續翻拌。

27　最後倒回剩餘的蛋白霜中

28　翻拌均勻。

29　麵糊倒入鋪好烘焙紙的烤盤中。

30　用刮板刮勻。

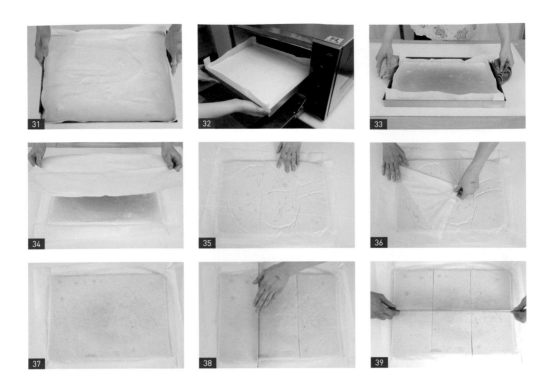

31　輕震烤盤，讓空氣釋出。	35　翻面。
32　家用烤箱溫度設定為上火 150℃／下火 150℃，烤 20 分鐘，第 10 分鐘將烤盤調頭。（註：專業烤箱則是上火 200℃／下火 130℃。）	36　微微掀開烘焙紙，再蓋上。
	37　放涼後，將蛋糕體較平整面朝上，掀開烘焙紙。
33　出爐後，輕震烤盤，讓空氣釋出。	38　蛋糕體長分 3 等份。
34　蛋糕體連同烘焙紙一起取出，用白報紙鋪在上面。	39　寬分 2 等分，用切麵刀切割。

PART ❷ 香橙慕斯內餡製作

01　調理盆裝水，放在爐上加熱，溫度不要超過 50℃。

02　把白巧克力倒進其他調理盆中，架在步驟 1 的水盆上面，隔水加熱融化後，放到一邊備用。（註：巧克力隔水融化溫度 > 50℃，容易油水分離。）

03　將動物性鮮奶油（1）放入鍋中，加熱煮到 50°C。

04　延續上一步，煮滾後離火，沖入白巧克力中。

05　隔水攪拌至完全融化。

06　倒入柳橙果醬。

07　放進馬斯卡彭乳酪。（註：馬斯卡彭乳酪先放在常溫軟化。）

08　用均質機把材料攪拌均勻。

09　再倒入橙酒。

10　最後放進動物性鮮奶油（2）。

11　用均質機再次攪拌均勻，慕斯便製作完成。

12　慕斯放入冰箱冷藏。隔天取出，打發到細緻光滑的程度來使用。

TIPS

　　慕斯要冷藏放置到隔天稍凝固才使用。如急要可稍冷凍才用，此慕斯不加吉利丁（蛋奶素可食）。

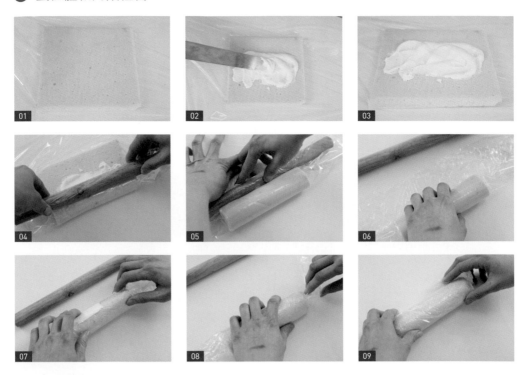

01 取出蛋糕體放在保鮮膜上。

02 用抹面刀取些許內餡 。

03 塗抹中間約 ⅓ 蛋糕體的量。

04 用擀麵棍抵在蛋糕體後，往前平推捲起蛋糕體。

05 捲到底後，擀麵棍稍微壓住保鮮膜，用手貼緊蛋糕體。

06 將蛋糕體連同保鮮膜取出。

07 手繼續往前捲，用保鮮膜包裹住蛋糕體。

08 延續上一步，底部朝下放置桌上。

09 綁緊兩側，用手微壓蛋糕體定型。

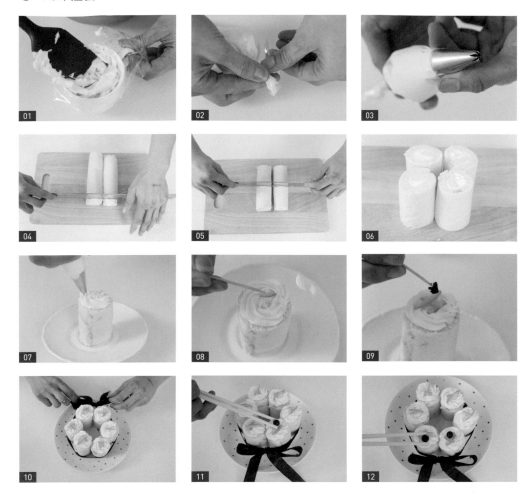

01 把適量的香橙慕斯放入已剪洞的擠花袋中。

02 綁緊。

03 裝上花嘴。

04 解開蛋糕體的保鮮膜，切掉兩端不平整處。

05 對切成兩半。

06 接著直立擺放。

07 在蛋糕體頂端擠上慕斯作為裝飾。

08 用牙籤放上橙皮。

09 再放上果乾。

10 重複步驟 4～9，做好六個後，用絲帶繫在蛋糕周圍做裝飾。

11 用筷子夾蔓越莓放上。

12 依序擺放完六個後，蛋糕捲完成。

蔓越莓兔子
蛋糕捲

- ⏱ 約 50 分鐘
- 🍰 20 捲
- ♨ 每台烤箱溫度不同，根據實際
  狀況做預熱動作

① 調理盆   ⑪ 一般刮刀
② 量匙   ⑫ 耐熱刮刀
③ 電子秤   ⑬ 刮板
④ 溫度計   ⑭ 烤箱
⑤ 均質機   ⑮ 烤盤
⑥ 分蛋器   ⑯ 烘焙紙
⑦ 打蛋器   ⑰ 擠花袋
⑧ 手持攪拌器   ⑱ 切麵刀
⑨ 麵粉篩網   ⑲ 鍋具
⑩ 小網篩   ⑳ 白報紙

◆ 蛋糕體

ⓐ	液態油	70g
	濃縮蔓越莓汁	80g
	低筋麵粉	50g
	玉米粉	10g
ⓑ	全蛋	2 顆
	蛋黃	4 顆
	紅麴粉	2g
	飲用水	6g
ⓒ	蛋白	4 顆
	細砂糖	80g
	濃縮檸檬汁	5c.c
ⓓ	各類巧克力	適量

◆ 蔓越莓慕斯內餡

動物性鮮奶油（1）
                     100g
白巧克力   60g
蔓越莓果醬   25g
馬斯卡彭乳酪   30g
橙酒   2g
動物性鮮奶油（2）
                     150g

PART ❶ **蛋糕體製作**

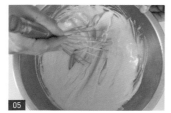

A 燙麵

01   液態油倒入鍋中，隔水加熱。

02   加入濃縮蔓越莓汁，到 65℃ 時離火降溫。

03   低筋麵粉和玉米粉一起過篩。

04   把過篩好的粉類倒入步驟 2。

05   攪拌均勻，放置一邊備用。

B 麵糊製作

06   全蛋倒入調理盆中。

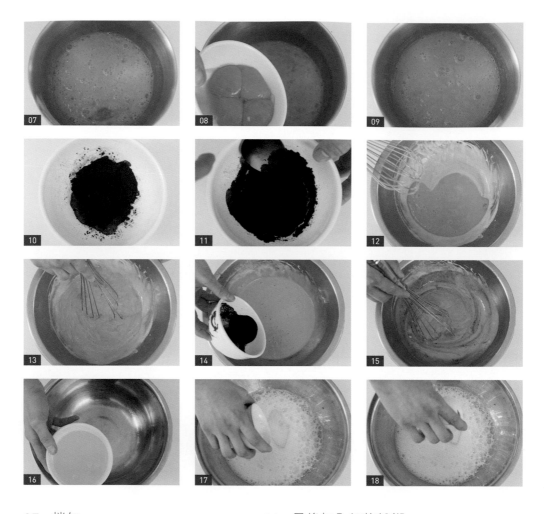

07　拌勻。

08　再加蛋黃。

09　拌勻後，放置一邊備用。

10　紅麴粉加水。

11　拌勻成糊。

12　燙麵 A 倒進步驟 9。

13　攪拌均勻。

14　最後加入紅麴粉糊。

15　攪拌均勻。

C　蛋白霜製作

16　從冰箱將蛋白取出，倒入調理盆中。

17　把蛋白打發到出現大眼泡泡，加入 ⅓ 的細砂糖（第 1 次）。

18　添加濃縮檸檬汁。

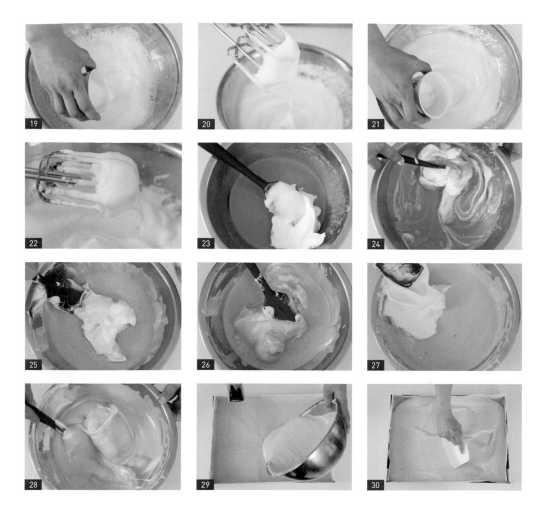

19 繼續打發到光滑細緻後，再加⅓
的糖（第2次）。

20 最後打到蛋白呈濕性打發。

21 倒進剩餘的糖（第3次）。

22 打到蛋白為乾性打發後，蛋白霜
完成。

D 蛋糕體製作

23 先加⅓的蛋白霜到麵糊中。

24 翻拌。

25 再放入⅓的蛋白霜。

26 繼續翻拌。

27 最後倒回剩餘的蛋白霜中

28 翻拌均勻。

29 麵糊倒入鋪好烘焙紙的烤盤中。

30 用刮板刮勻。

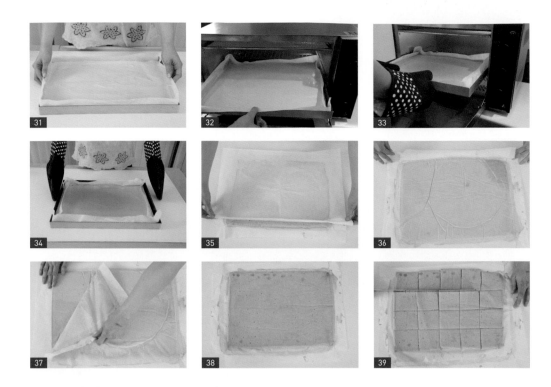

31 輕震烤盤，讓空氣釋出。

32 家用烤箱溫度調整上火 150°C／下火 150°C，烤 10 分鐘。（註：專業烤箱則是上火 200°C／下火 130°C。）

33 將烤盤轉向，繼續烤 10 分鐘。

34 出爐後，輕震烤盤，讓空氣釋出。

35 蛋糕體連同烘焙紙一起取出，用白報紙鋪在上面。

36 翻面。

37 微微掀開烘焙紙，再蓋上。

38 放涼後，將蛋糕體較平整面朝上，掀開烘焙紙。

39 量尺寸，取適當長度做記號。將蛋糕體長分 5 等份，寬分 4 等分，用切麵刀切割。

兔子耳朵及嘴部製作

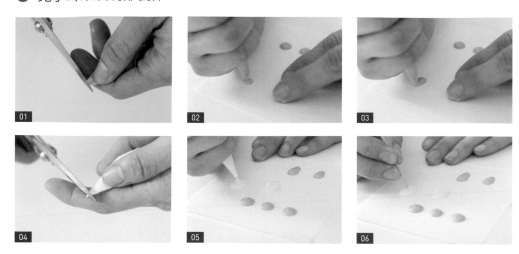

01 把各類巧克力分別隔水加熱融化，溫度不超過 65℃。（註：避免油水分離。）
融化後裝入擠花袋中。先把草莓巧克力剪開小洞。

02 在烘焙紙上擠出腮紅。

03 擠出尖耳朵。

04 再把白巧克力剪開小洞。

05 擠出嘴部。

06 用牙籤整平後，冷卻放乾使用。

蔓越莓慕斯內餡

01 將動物性鮮奶油（1）加熱，溫度不超過 65℃。

02 延續上一步，沖入白巧克力中，攪拌到巧克力融化。

03 加入蔓越莓果醬。

04 攪拌均勻。	10 用均質機攪拌均勻。
05 再加馬斯卡彭乳酪。（註：馬斯卡彭乳酪先放在常溫軟化。）	11 完成後放入冰箱冷藏，隔天將慕斯打發使用。
06 攪拌均勻。	12 裝入擠花袋。
07 倒進橙酒，攪拌均勻。	13 綁緊。
08 用均質機再次攪拌。	14 擠花袋剪開適當大小的洞。
09 最後放入動物性鮮奶油（2）。	15 將內餡塗抹在蛋糕體中間，約 ⅓ 蛋糕體的量。

TIPS

　　慕斯要冷藏放置到隔天稍凝固才使用。如急要可稍冷凍才用，此慕斯不加吉利丁（蛋奶素可食）。

  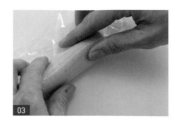

01　用手拉著保鮮膜兩端，往前平推把蛋糕體捲起。

02　捲到底後輕壓定型。

03　再往前推，用保鮮膜包起蛋糕體。

04　綁住兩側。

05　手稍微往內推讓蛋糕體圓胖。

06　最後用手按壓定型。

PART **5** 造型

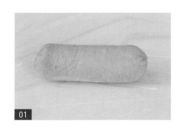  

01　解開蛋糕體的保鮮膜。

02　把草莓巧克力擠在耳朵預設位置。

03　再插上耳朵。

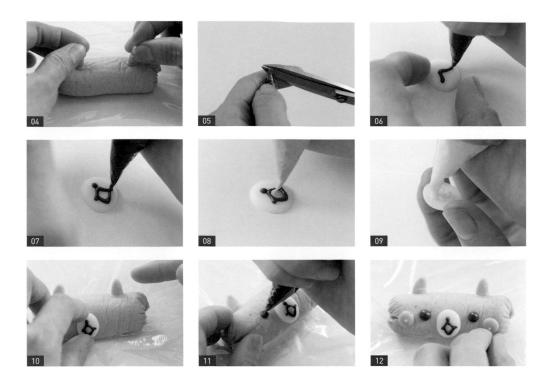

04　輕壓固定。

05　把黑巧克力剪開小洞。

06　在做好的鼻子上擠黑巧克力，做人字型的法令紋，和上面的一點鼻頭。

07　再擠 V 字型的笑紋。

08　擠草莓巧克力做嘴巴，等它冷卻變乾。

09　在嘴部背面擠白巧克力。

10　黏在蛋糕體預設位置上，輕壓固定。

11　在蛋糕體預設位置，用黑巧克力擠眼睛。

12　在腮紅背面擠草莓巧克力，黏在蛋糕體預設位置。

TIPS

巧克力擠出有不平的地方，可以用牙籤戳開。

香蕉造型
蛋糕捲

香蕉造型
蛋糕捲

🕐 約 50 分鐘

⚖ 9 捲

🔥 每台烤箱溫度不同，根據實際
　　狀況做預熱動作

工具材料
INSTRUMENTS & INGREDIENTS

① 調理盆	⑨ 小網篩	⑰ 切麵刀
② 量匙	⑩ 一般刮刀	⑱ 鍋具
③ 電子秤	⑪ 耐熱刮刀	⑲ 白報紙
④ 溫度計	⑫ 刮板	
⑤ 分蛋器	⑬ 烤箱	
⑥ 打蛋器	⑭ 烤盤	
⑦ 手持攪拌器	⑮ 烘焙布	
⑧ 麵粉篩網	⑯ 擠花袋	

◆ 蛋糕體

Ⓐ	液態油	70g
	濃縮牛乳	80g
	低筋麵粉	50g
	玉米粉	10g
Ⓑ	全蛋（常溫）	2 顆
	蛋黃	4 顆
	蛋白	4 顆
Ⓒ	細砂糖	80g
	濃縮檸檬汁	5c.c
	可可粉	適量
Ⓓ	飲用水	適量
	香草醬	少許

◆ 香蕉慕斯內餡

香蕉（熟）	50g
全蛋（常溫）	1 顆
玉米粉	5g
濃縮牛乳	37g
飲用水	37g
砂糖	10g
香蕉果醬	50g
無鹽發酵奶油	20g

步驟製作
STEP BY STEP

PART **1** 蛋糕體製作

A 燙麵

01 液態油倒入鍋中。

02 加入濃縮牛乳。

03 延續上一步,隔水加熱到 65℃。

04 低筋麵粉和玉米粉一起過篩。

05 將過篩好的粉類倒入步驟 3 中。

06 拌勻後,放置一邊備用。

B 麵糊製作

07 全蛋倒入調理盆中。

08 攪拌均勻。

09 再加入蛋黃。

10 繼續攪拌。

11 將燙麵 A 倒入。

12 拌勻後,放置一邊備用。

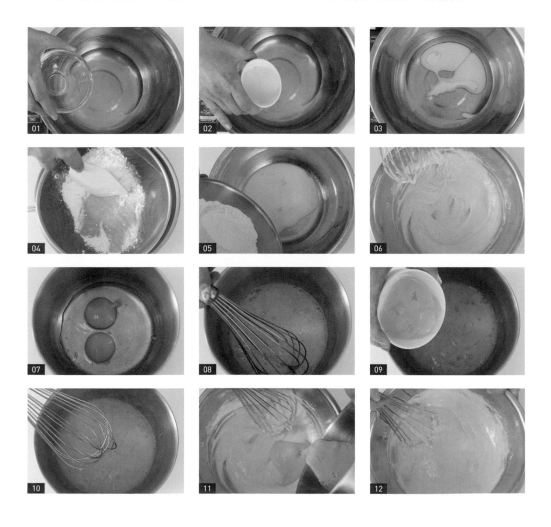

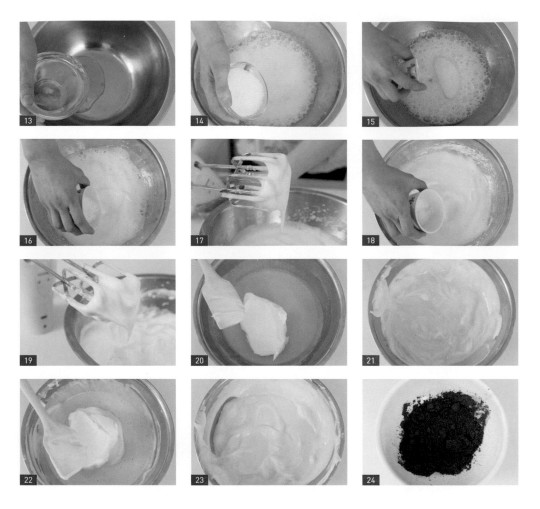

C 蛋白霜製作

13　從冰箱將蛋白取出，倒入調理
　　盆中。

14　把蛋白打發到出現大眼泡泡，
　　加入⅓的細砂糖（第1次）。

15　添加濃縮檸檬汁。

16　繼續打發到光滑細緻後，再加
　　⅓的糖（第2次）。

17　最後打到蛋白呈濕性打發。

18　倒進剩餘的糖（第3次）。

19　打到蛋白為乾性打發後，蛋白霜完成。

D 香蕉斑紋製作

20　先加⅓的蛋白霜到麵糊中。

21　翻拌。

22　再放入⅓的蛋白霜。

23　翻拌均勻後，先放置一邊備用。

24　可可粉加水。

25　拌勻成糊狀。

26 把可可粉糊取出，倒入較大
的調理盆中。

27 放入少量麵糊。

28 攪拌均勻。

29 倒入擠花袋中。

30 綁緊

31 剪開小洞使用。

32 烤盤上鋪好烘焙布，隨意的
擠出大小不同的斑點。

33 放進烤箱上層，溫度調整上火 150°C／
下火 150°C，烤乾。

34 用手輕按巧克力斑點，不沾手即可從
烤箱取出。

E 蛋糕體製作

35 步驟 23 添加香草醬，拌勻。

36 延續上一步，麵糊倒在烤乾的香蕉斑
點烤盤上。

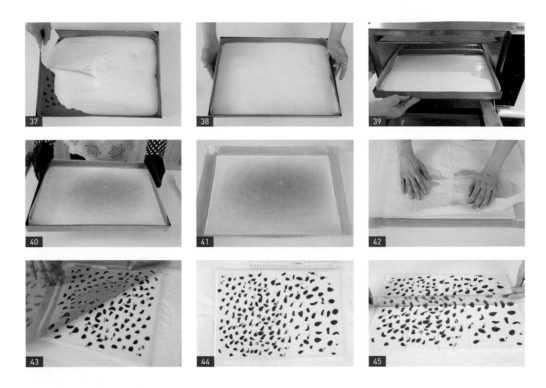

37　用刮板輕輕刮平，不要破壞下面的斑點。

38　輕震烤盤，讓空氣散出。

39　家用烤箱溫度調整上火 150°C／下火 150°C，烤 20 分鐘，第 10 分鐘將烤盤調頭。（註：專業烤箱則是上火 200°C／下火 130°C。）

40　出爐，輕震烤盤，讓空氣散出。

41　蛋糕體連同烘焙布一起移出烤盤。

42　用白報紙鋪在蛋糕體上面。

43　翻面，微微掀開烘焙布，再蓋上。

44　放涼後，將蛋糕體較平整面朝上擺，掀開烘焙布。

45　量尺寸，取適當長度做記號。將蛋糕體長分 5 等份，寬分 3 等分，用切麵刀切割。

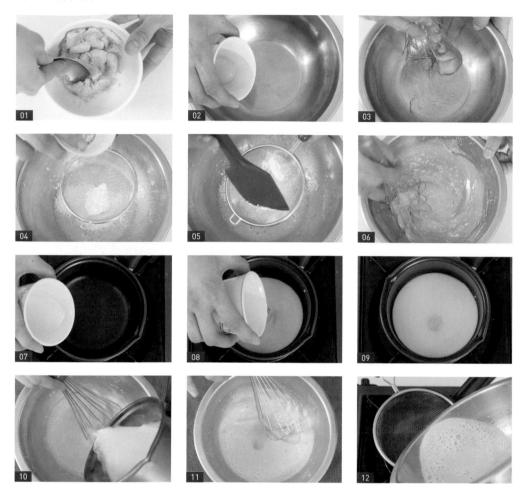

01 把香蕉壓泥，放到一邊備用。	07 濃縮牛乳倒入鍋中。
02 全蛋倒入調理盆中。	08 加水還原，加糖。
03 攪拌均勻。	09 用小火煮滾。
04 玉米粉倒入網篩。	10 關火後，沖入步驟 6。
05 過篩後，倒入步驟 3。	11 攪拌均勻。
06 攪拌均勻，放到一邊備用。	12 延續上一步，過篩，倒回鍋中。

13　倒入香蕉果醬。

14　再加香蕉泥。

15　再開小火煮，同時攪拌。

16　關火冷卻後，繼續攪拌。

17　放入無鹽發酵奶油。

18　攪拌均勻，放置冷卻。

19　倒入擠花袋中。

20　綁緊。

21　剪適當大小的洞使用。

TIPS

　　慕斯要冷藏放置到隔天稍凝固才使用。如急要可稍冷凍才用，此慕斯不加吉利丁（蛋奶素可食）。

01　取出蛋糕體放在保鮮膜上。

02　擠出適量的內餡，約 ⅓ 蛋糕體的量。

03　雙手抓著保鮮膜兩端往前捲。

04　輕壓蛋糕體。

05　握住保鮮膜兩端，轉緊。

06　微彎，綁緊兩側，固定成香蕉形狀。

草莓造型
蛋糕捲

🕐 約 50 分鐘

🍰 20 捲

🧁 每台烤箱溫度不同，根據實際
狀況做預熱動作

工具材料
INSTRUMENTS & INGREDIENTS

① 調理盆　　　　⑪ 一般刮刀
② 量匙　　　　　⑫ 耐熱刮刀
③ 電子秤　　　　⑬ 刮板
④ 溫度計　　　　⑭ 烤箱
⑤ 均質機　　　　⑮ 烤盤
⑥ 分蛋器　　　　⑯ 烘焙布
⑦ 打蛋器　　　　⑰ 擠花袋
⑧ 手持攪拌器　　⑱ 切麵刀
⑨ 麵粉篩網　　　⑲ 鍋具
⑩ 小網篩　　　　⑳ 白報紙

◆ 蛋糕體

Ⓐ	液態油	70g
	濃縮牛乳	80g
	低筋麵粉	50g
	玉米粉	10g
Ⓑ	全蛋（常溫）	2 顆
	蛋黃	4 顆
	香草醬	少許
	蛋白	4 顆
Ⓒ	細砂糖	80g
	濃縮檸檬汁	5c.c
Ⓓ	紅麴粉	適量
	飲用水	適量

	抹茶粉	適量
	飲用水	適量
Ⓔ	白巧克力	適量

◆ 草莓慕斯內餡

全蛋（常溫）	1 顆
玉米粉	5g
濃縮牛乳	37g
飲用水	37g
細砂糖	10g
草莓果醬	75g
無鹽發酵奶油	20g

步驟製作
STEP BY STEP

PART ❶ 蛋糕體製作

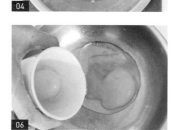

A 燙麵

01　液態油倒入鍋中。

02　加入濃縮牛乳，隔水加熱，溫度不超過 65℃。

03　把玉米粉與低筋麵粉一同過篩。

04　步驟 2 關火移到一邊，倒入過篩好的粉類。

05　攪拌均勻後放一邊備用。

B 麵糊製作

06　全蛋倒入調理盆中。

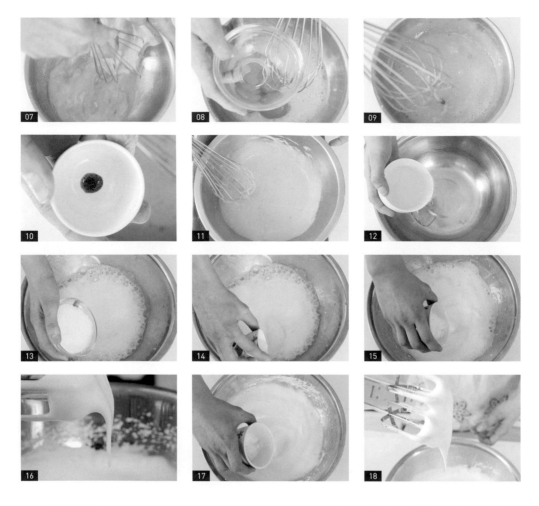

07 攪拌均勻。

08 再放蛋黃。

09 繼續攪拌。

10 最後添加香草醬。

11 再倒入燙麵 A，攪拌均勻，放置一邊備用。

C 蛋白霜製作

12 從冰箱將蛋白取出，倒入調理盆中。

13 把蛋白打發到出現大眼泡泡，加入 ⅓ 的細砂糖（第 1 次）。

14 添加濃縮檸檬汁。

15 繼續打發到光滑細緻後，再加 ⅓ 的糖（第 2 次）。

16 最後打到蛋白呈濕性打發。

17 倒進剩餘的糖（第 3 次）。

18 打到蛋白為乾性打發後，蛋白霜完成。

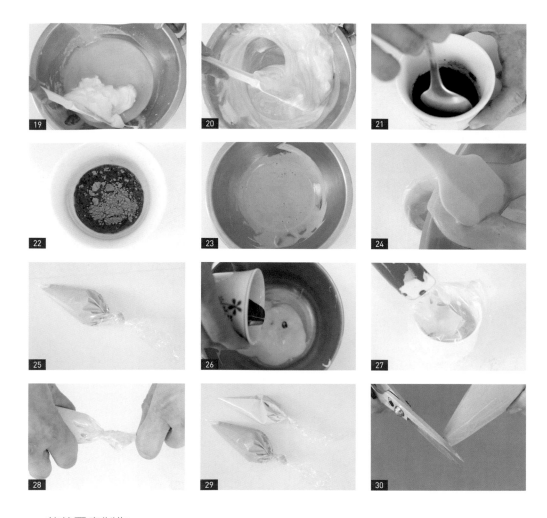

D 草莓圖案製作

19 將蛋白霜倒入麵糊中。

20 攪拌均勻。

21 紅麴粉加水，拌勻成糊。

22 抹茶粉加水，拌勻成糊。

23 取出部分麵糊，把紅麴粉糊倒進去，攪拌均勻。

24 裝入擠花袋。

25 綁緊。

26 再取出部分麵糊，倒入抹茶粉糊，攪拌均勻。

27 裝入擠花袋。

28 綁緊。

29 共有兩色擠花袋。

30 紅麴麵糊剪開小洞。

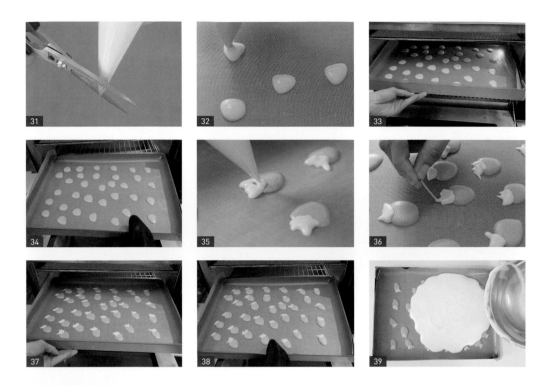

31 抹茶麵糊剪開小洞。

32 用紅麴麵糊，在鋪上烘焙布的烤盤上，擠出倒三角形草莓形狀。

33 延續上一步，放入烤箱上層，溫度上火 150°C／下火 150°C，烤乾為止。

34 從烤箱取出後，放涼。

35 再用抹茶麵糊，在草莓上擠出葉子。

36 用牙籤勾出葉尖。

37 一樣放入烤箱上層，溫度上火 150°C／下火 150°C，烤乾為止。

38 從烤箱取出後，放涼。

E 蛋糕體製作

39 將剩餘麵糊倒入烤盤。

40 用刮板輕刮均勻，不要破壞下面的草莓圖案。

41 輕震烤盤，讓空氣釋出。

42 家用烤箱溫度上火 150℃／下火 150℃，烤 20 分鐘，第 10 分鐘將烤盤調頭。
（註：專業烤箱則是上火 200℃／下火 130℃。）

43 出爐，輕震烤盤，讓空氣釋出。

44 蛋糕體連同烘焙布一起移出烤盤。

45 在蛋糕體上面鋪白報紙，翻面。

46 微微掀開烘焙布，再蓋上。

47 放涼後，將蛋糕體平整面朝上，掀開烘焙布。量尺寸，取適當長度做記號。

48 蛋糕體直分 5 等分，寬分 4 等分，用切麵刀切開。

01 全蛋倒入調理盆中。

02 攪拌均勻。

03 把玉米粉倒入網篩。

04 過篩後，倒入步驟 2 中。

05 攪拌均勻，放置一邊備用。

06 濃縮牛乳倒入鍋中，加水還原後，開小火加熱。

07 放進細砂糖。

08 煮到濃縮牛乳沸騰。

09 煮滾後關火，沖入步驟 5 中，邊沖邊拌。

10　攪拌均勻。	16　用均質機再攪拌均勻。
11　延續上一步，再過篩倒回鍋子。	17　倒入無鹽發酵奶油。
12　重新開火加熱煮滾。	18　攪拌均勻後，放涼。
13　再放入草莓果醬。	19　倒入擠花袋中。
14　攪拌均勻。	20　綁緊。
15　微滾一下後關火，繼續攪拌。	21　剪開適當大小的洞使用。

TIPS

慕斯要冷藏放置到隔天稍凝固才使用。如急要可稍冷凍才用，此慕斯不加吉利丁（蛋奶素可食）。

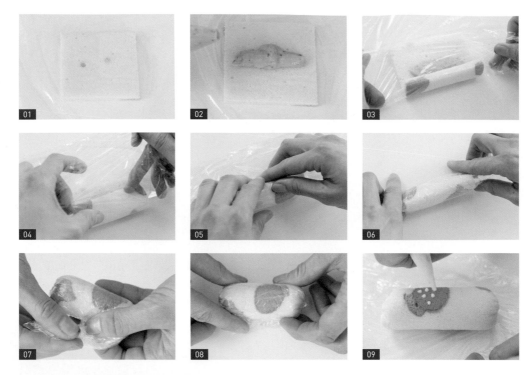

01　取出蛋糕體，放在保鮮膜上。

02　在蛋糕體中間擠出適量內餡。

03　用手握住保鮮膜兩側往前捲。

04　一直捲到底。

05　再用手輕壓。

06　持續往前推，用保鮮膜裹住蛋糕體。

07　捲緊兩側，往前打結。

08　用手按壓定型。

09　蛋糕體定型後，拆開保鮮膜，將隔水加熱融化的白巧克力裝填進擠花袋，剪開小洞擠草莓籽。（註：隔水避免直火燒焦。）

珍珠奶茶
戚風蛋糕

珍珠奶茶戚風蛋糕

🕐 約 50 分鐘

🍽 4 人（6 吋大小）

👨‍🍳 每台烤箱溫度不同，根據實際
狀況做預熱動作

工具材料
INSTRUMENTS & INGREDIENTS

① 6 吋不沾固　　⑨ 麵粉篩網
　　定模　　　　⑩ 小網篩
② 調理盆　　　　⑪ 一般刮刀
③ 量匙　　　　　⑫ 耐熱刮刀
④ 電子秤　　　　⑬ 烤箱
⑤ 溫度計　　　　⑭ 烤盤
⑥ 分蛋器　　　　⑮ 抹面刀
⑦ 打蛋器　　　　⑯ 烤盤油
⑧ 手持攪拌器

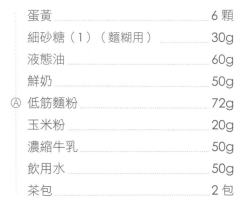

◆ 蛋糕體

	蛋黃	6 顆
	細砂糖（1）（麵糊用）	30g
	液態油	60g
	鮮奶	50g
Ⓐ	低筋麵粉	72g
	玉米粉	20g
	濃縮牛乳	50g
	飲用水	50g
	茶包	2 包

Ⓑ	蛋白	6 顆
	細砂糖（2）（打發蛋白用）	60g

◆ 外層裝飾奶油和珍珠

動物性鮮奶油	300g
細砂糖	30g
茶包	1.5 包
珍珠	適量

PART **1** 蛋糕體製作

A 麵糊製作

01　將一包茶包拆開，倒出茶葉和濃縮牛乳、水一同煮開做成奶茶。再將蛋黃取出，倒入調理盆中。

02　攪拌均勻。

03　加入細砂糖（1）。

04　攪拌均勻。

05　再倒下液態油。

06　攪拌均勻。

07　最後加入鮮奶。

08　攪拌均勻。

09　倒進過篩好的低筋麵粉。

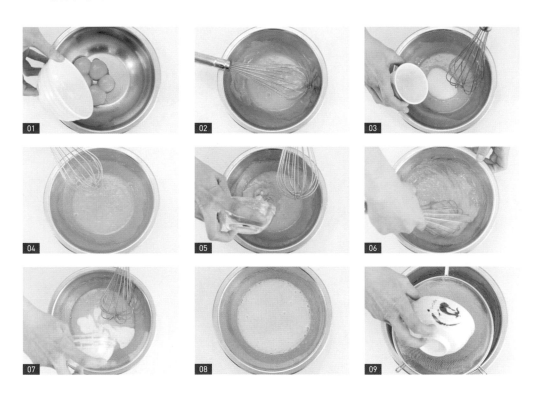

10　再把過篩過的玉米粉倒入。

11　攪拌均勻。

12　加入奶茶。

13　攪拌均勻。

14　延續上一步，把茶包拆開，將茶粉磨細後倒入，攪拌均勻，放置一邊備用。

B　蛋白霜製作

15　從冰箱將蛋白取出，倒入調理盆中。

16　把蛋白打發到出現大眼泡泡，加入 ⅓ 的細砂糖（2）（第 1 次）。

17　繼續打發到光滑細緻後，再加 ⅓ 的糖（第 2 次）。

18　最後打到蛋白呈濕性打發，倒進剩餘的糖（第 3 次）。

19　打到蛋白為乾性打發後，蛋白霜完成。

C　蛋糕體製作

20　把蛋白霜分一部份倒入麵糊中，用刮刀翻拌。

21　延續上一步，倒回剩餘的蛋白霜中，翻拌均勻。

22　不沾模底部噴油。

23　把麵糊倒入模中，稍微搖晃使表面平整。

24　放入烤箱前，輕震不沾模，讓空氣釋出。

25　家用烤箱溫度上火 150°C ／下火 150°C，烤 30 分鐘，在第 20 分鐘時，烤盤
　　調頭。（註：專業烤箱則是上火 200°C ／下火 130°C。）

26　出爐，再次輕震不沾模，讓空氣釋出，然後倒扣。

27　放涼後，幫蛋糕體脫模。

01　從冰箱取出動物性鮮奶油，倒進調理盆。

02　鮮奶油攪打到半凝固後，加入 ½ 的細砂糖（第 1 次）。

03　攪打到濕性打發的程度。

04　倒進剩餘的細砂糖（第 2 次）。

05　持續攪拌，直到鮮奶油乾性打發，香緹奶油餡完成。

06　放入冰箱冷藏。

07　倒入茶粉，和香緹奶油餡一起打勻。

08　用刮刀把打發的奶油，撥到蛋糕體上面。

09　再用抹面刀，均勻的抹平奶油。

10　珍珠放在蛋糕上。

11　最後放上一片薄荷葉，做點綴。

12　珍珠奶茶戚風蛋糕完成。

小花圈
造型蛋糕

小花圈
造型蛋糕

- 🕐 約 50 分鐘
- 🍰 咕咕霍芙模成品，4 份
- 🔥 每台烤箱溫度不同，根據實際
  狀況做預熱動作

▌ 工 具 材 料
INSTRUMENTS & INGREDIENTS

① 咕咕霍芙模	⑩ 麵粉篩網
② 調理盆	⑪ 小網篩
③ 量匙	⑫ 一般刮刀
④ 電子秤	⑬ 耐熱刮刀
⑤ 溫度計	⑭ 烤箱
⑥ 厚底鍋	⑮ 烤盤
⑦ 分蛋器	⑯ 烤盤油
⑧ 打蛋器	⑰ 烘焙紙
⑨ 手持攪拌器	⑱ 擠花袋

◆ 蛋糕體

	蛋黃	5 顆
	細砂糖（1）（麵糊用）	26g
	液態油	50g
Ⓐ	鮮奶	50g
	低筋麵粉	60g
	玉米粉	17g
	各類果乾	總共 50g
Ⓑ	蛋白	5 顆
	細砂糖（2）（打發蛋白用）	50g

◆ 內餡棉花糖和巧克力花瓣

Ⓐ	水麥芽	10g
	濃縮蘋果汁	20g

	砂糖	25g
	蘋果酒	10g
	吉利丁片	3 片
Ⓑ	蛋白	35g
	細砂糖	35g
Ⓒ	色膏：● 紅色（Red（no-taste））	
	白色和草莓巧克力	適量

◆ 樹枝

黑巧克力	100g
動物性鮮奶油	50g

步驟製作
STEP BY STEP

PART ❶ 蛋糕體製作

A 麵糊製作

01　蛋黃倒入調理盆中。

02　攪拌均勻。

03　加入細砂糖（1）。

04　攪拌均勻。

05　再倒下液態油。

06　攪拌均勻。

07　最後加入鮮奶。

08　攪拌均勻。

09　倒進過篩好的低筋麵粉。

10　再把過篩過的玉米粉倒入。

11　攪拌均勻。

12　放入果乾，攪拌均勻後，放置一邊備用。

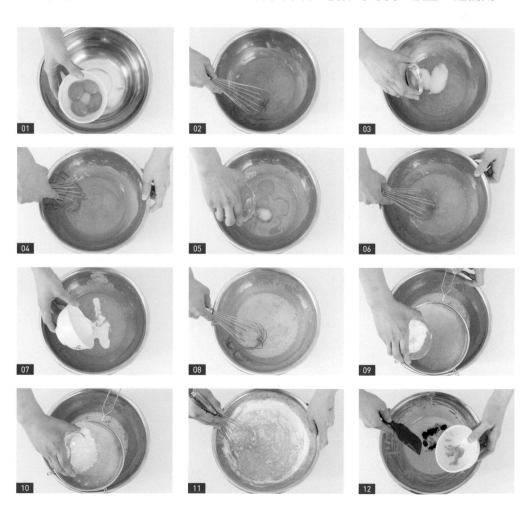

B 蛋白霜製作

13　從冰箱將蛋白取出，倒入調理
　　盆中。

14　把蛋白打發到出現大眼泡泡，
　　加入 ⅓ 的細砂糖（2）（第 1 次）。

15　繼續打發到光滑細緻後，再加
　　⅓ 的糖（第 2 次）。

16　最後打到蛋白呈濕性打發，倒
　　進剩餘的糖（第 3 次）。

17　打到蛋白為乾性打發後，蛋白
　　打發完成。

C 蛋糕體製作

18　把蛋白霜分一部份倒入麵糊中，
　　用刮刀翻拌。

19　延續上一步，倒回剩餘的蛋白霜中，
　　翻拌均勻。

20　咕咕霍芙模預備噴油。（註：新模噴
　　油，舊模不用。）

21　把麵糊倒入模中，稍微搖晃使表面
　　平整。

22　放入烤箱前，輕震咕咕霍芙模，讓
　　空氣釋出。

23　家用烤箱溫度設定為上火 150℃／
　　下火 150℃，烤 30 分鐘，在第 20
　　分鐘時，烤盤調頭。（註：專業烤箱
　　則是上火 200℃／下火 130℃。）

24　出爐。

25　再次輕震咕咕霍芙模，讓空氣釋　　26　幫蛋糕體脫模。
　　出後，倒扣放涼。

27　蛋糕體製作完成。

^{PART} **②** **內餡棉花糖和巧克力花瓣製作**

A　調味

01　手沾濕後，取出水麥
　　芽放到鍋中。

02　加入濃縮蘋果汁和蘋
　　果酒。

03　再倒下砂糖，開火。

04　煮到糖溶解。

05　將吉利丁片擰乾後，
　　放入鍋中。

06　延續上一步，將吉利丁片加熱融化，融化完放爐
　　上備用。

B　蛋白霜製作

07　從冰箱將蛋白取出，倒入調理盆中。

08　蛋白打發到出現大眼泡泡後，加入 ½ 的細砂糖。

09　繼續打發到蛋白呈現光滑細緻後，倒入剩餘
　　的細砂糖。

10 最後打到蛋白為濕性打發後，暫停打發。

C 棉花糖製作

11 調味 A 倒進蛋白霜 B 中，隔熱水打發。

12 持續打到蛋白呈現不滴落的狀態，最後盆內蛋白能沿盆壁流下後，流痕緩緩消失便停止打發，棉花糖完成。

13 棉花糖分成兩份，原色和紅色各一份。先把原色的棉花糖裝入擠花袋中。

14 綁緊。

15 剩餘棉花糖，加入紅色色膏。

16 攪拌均勻。

17 裝入擠花袋中綁緊。

18 一共有兩色的棉花糖。

D 造型製作

19 隔水加熱融化草莓巧克力和白巧克力，裝入擠花袋中剪開小洞，用草莓巧克力擠花瓣。（註：隔水避免直火燒焦。）

20 用牙籤勾劃，把 5 片花瓣連結中心一點。

21 稍乾後，用白巧克力擠花蕊，放乾。白色花朵的製作方式，同步驟 19～21。

01　將動物性鮮奶油倒進調理盆中。

02　加熱融化，溫度不超過 55°C。

03　把動物性鮮奶油沖入黑巧克力中。

04　持續攪拌到黑巧克力微融。

05　再把黑巧克力隔水加熱融化。
　　（註：隔水避免直火燒焦。）

06　成品呈現流動狀。

TIPS

如果巧克力溶解後太稠，可添加動物性鮮奶油，增加滑順感。

PART **4** 組合

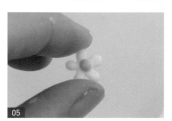

01　把擠花袋的洞剪大。

02　從蛋糕體中空處擠入棉花糖。

03　直到覆蓋表面。

04　將甘乃許裝入擠花袋中，剪開小洞，擠在蛋糕體表面做樹枝。

05　從烘焙紙上取下放乾的巧克力花。

06　放到蛋糕體上。

貓咪荷包蛋
造型蛋糕

🕐 約 50 分鐘

🍽 3 人（5 吋）

👨‍🍳 每台烤箱溫度不同，根據實際
　　狀況做預熱動作

工 具 材 料

①5 吋戚風中空紙模

②調理盆

③量匙

④電子秤

⑤溫度計

⑥均質機

⑦分蛋器

⑧打蛋器

⑨手持攪拌器

⑩麵粉篩網

⑪小網篩

⑫一般刮刀

⑬耐熱刮刀

⑭烤箱

⑮烤盤

⑯烤盤油

⑰烘焙布

⑱擠花袋

⑲厚底鍋

◆ 蛋糕體

	蛋黃	5 顆
	細砂糖（1）（麵糊用）	26g
Ⓐ	液態油	50g
	鮮奶	50g
	低筋麵粉	60g
	玉米粉	17g
	香草醬	少許
	蛋白	5 顆
Ⓑ	細砂糖（2）（打發蛋白用）	50g

◆ 香橙慕斯內餡

飲用水	適量
白巧克力	60g
動物性鮮奶油（1）	100g
柳橙果醬	25g
馬斯卡彭乳酪	30g
橙酒	2g
動物性鮮奶油（2）	150g

◆ 貓咪造型棉花糖

	水麥芽	10g
	濃縮蘋果汁	20g
Ⓐ	砂糖	25g
	蘭姆酒	10g
	吉利丁片	3 片
Ⓑ	蛋白	35g
	細砂糖	35g
	色粉：● 竹炭粉／身體、耳朵	
Ⓒ	色膏：● 黑色（Black）／眼睛	
	日式太白粉	適量

◆ 荷包蛋造型棉花糖

	水麥芽	10g
	檸檬酒	30g
Ⓐ	細砂糖（1）（與果汁調和）	25g
	吉利丁片	3 片
	蛋白	35g
Ⓑ	細砂糖（2）（蛋白打發用）	35g
Ⓒ	色膏：● 金黃色（Golden Yellow）／蛋黃	
	日式太白粉	適量

PART **1** 蛋糕體製作

A 麵糊製作

01 蛋黃倒入調理盆中。

02 攪拌均勻。

03 加入細砂糖（1）。

04 再倒下液態油。

05 攪拌均勻。

06 最後加入鮮奶。

07 攪拌均勻。

08 倒進過篩好的低筋麵粉。

09 再把過篩過的玉米粉倒入。

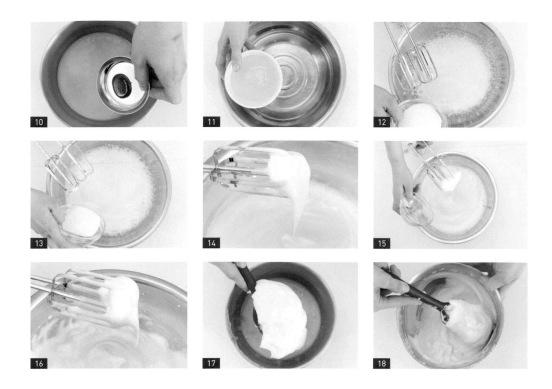

10 最後添加適量香草醬，攪拌均勻後，放置一邊備用。

B 蛋白霜製作

11 從冰箱將蛋白取出，倒入調理盆中。

12 把蛋白打發到出現大眼泡泡，加入 ⅓ 的細砂糖（2）（第 1 次）。

13 繼續打發到光滑細緻後，再加 ⅓ 的糖（第 2 次）。

14 最後打到蛋白呈濕性打發。

15 倒進剩餘的糖（第 3 次）。

16 打到蛋白為乾性打發後，蛋白霜完成。

C 蛋糕體製作

17 把蛋白霜分一部份倒入麵糊中，用刮刀翻拌。

18 延續上一步，倒回剩餘的蛋白霜中，翻拌均勻。

19　紙模包上鋁箔紙。

20　把麵糊倒入模中，稍微搖晃使表面平整。

21　放入烤箱前，輕震紙模，讓空氣釋出。

22　家用烤箱溫度上火 150°C ／下火 150°C，烤 30 分鐘，在第 20 分鐘時，烤盤調頭。（註：專業烤箱則是上火 200°C ／下火 130°C。）

23　出爐後，再次輕震紙模，讓空氣釋出。

24　倒扣放涼後，撕開紙模幫蛋糕體脫模。

PART ❷ 香橙慕斯內餡製作

01　調理盆裝水，放在爐上加熱，溫度不要超過 50°C。

02　把白巧克力倒進其他調理盆中，架在步驟 1 的水盆上面，隔水加熱融化後，放到一邊備用。（註：隔水避免直火燒焦。）

03　將動物性鮮奶油（1）放入鍋中，加熱煮沸。

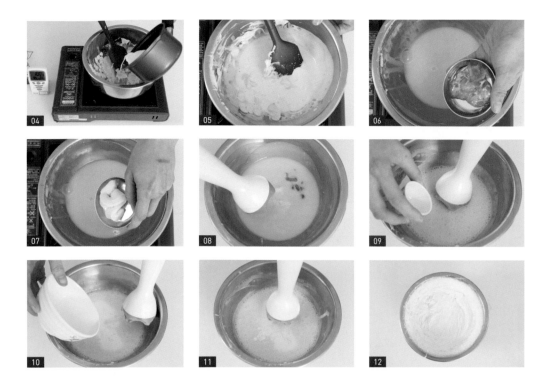

04　延續上一步，煮滾後離火，沖入白巧克力中。

05　隔水攪拌至完全融化。

06　倒入柳橙果醬。

07　放進馬斯卡彭乳酪。（註：馬斯卡彭乳酪先放在常溫軟化。）

08　用均質機把材料攪拌均勻。

09　再倒入橙酒。

10　最後放進動物性鮮奶油（2）。

11　用均質機再次攪拌均勻，慕斯便製作完成。

12　慕斯放入冰箱冷藏。隔天取出，打發到細緻光滑的程度來使用。

TIPS

　　慕斯要冷藏放置到隔天稍凝固才使用。如急要可稍冷凍才用，此慕斯不加吉利丁（蛋奶素可食）。

A 調味

01　手沾濕後，取出水麥芽放到鍋中。

02　加入濃縮蘋果汁。

03　再倒下砂糖。

04　最後倒蘭姆酒，開火。

05　煮到糖溶解。

06　將吉利丁片擰乾後，放入鍋中。

07　延續上一步，將吉利丁片加熱融化，融化完放爐上備用。

B 蛋白霜製作

08　從冰箱將蛋白取出，倒入調理盆中。

09　蛋白打發到出現大眼泡泡後，加入 ½ 的細砂糖。

10 繼續打發到蛋白呈現光滑細緻後，倒入剩餘的細砂糖。

11 最後打到蛋白為濕性打發後，暫停打發。

C 棉花糖製作

12 調味 A 倒進蛋白霜 B 中，隔熱水打發。

13 持續打到蛋白呈現不滴落的狀態，最後盆內蛋白能沿盆壁流下後，流痕緩緩
消失便停止打發，棉花糖完成。

14 棉花糖分成兩份，原色和竹炭粉各一份。先把原色棉花糖，裝入擠花袋中。

15 綁緊。

16 竹炭粉加水，拌勻成糊。

17 剩餘棉花糖裝入擠花袋中，加入竹炭粉糊。

18 搓揉成灰色。

19 綁緊。

20 兩組顏色，各有一大一小，一共
四個袋子。

21 擠花袋隔熱水保溫。（註：避免
棉花糖乾掉。）

22 蓋上鋁箔紙。（註：加強保溫效果。）

D 造型製作

23 烤盤鋪上烘焙布或是烘焙墊，並
灑上日式太白粉。（註：避免棉花
糖沾黏。）

24 把竹炭灰色擠花袋，各剪開一大
一小的兩個洞。

25 手垂直握擠花袋，用大洞的棉花
糖擠出身體。

26 身體微乾，用小洞的棉花糖擠出
耳朵。

27 全乾後，用竹筷或牙籤沾黑色色
膏，點眼睛。原色的貓咪做法，
同步驟 24 ～ 27。

TIPS
① 棉花糖也可放在 45℃ 的烤箱中保溫。
② 擠出棉花糖時有氣泡，可用牙籤挑破。
③ 黑色色膏也可以改成竹炭粉加水調勻。
④ 竹炭粉加水做的棉花糖易乾。

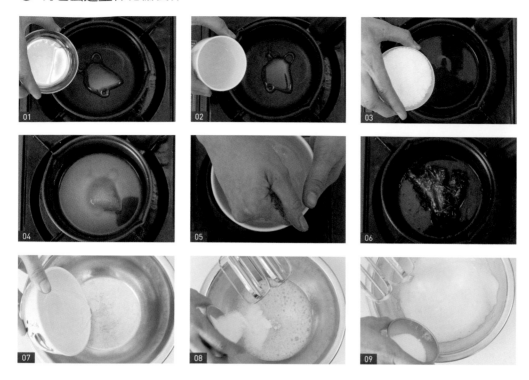

A 調味

01　手沾濕後，取出水麥芽放到鍋中。

02　加入檸檬酒。

03　再倒進細砂糖（1），開火。

04　煮到糖溶解。

05　將吉利丁片擰乾後，放入鍋中。

06　延續上一步，將吉利丁片加熱融化，融化完放爐上備用。

B 蛋白霜製作

07　從冰箱將蛋白取出，倒入調理盆中。

08　蛋白打發到出現大眼泡泡後，加入 ½ 的細砂糖（2）。

09　繼續打發到蛋白呈現光滑細緻後，倒入剩餘的細砂糖（2）。

10　最後打到蛋白為濕性打發後，暫停打發。	15　綁緊。
	16　另外一份棉花糖，裝入擠花袋。
C　棉花糖製作	17　加入金黃色色膏。
11　融化完後，倒進蛋白霜 B 中。	18　綁緊。
12　隔熱水打發。	19　搓揉染色。
13　持續打到蛋白呈現不滴落的狀態，最後盆內蛋白能沿盆壁流下後，流痕緩緩消失便停止打發，棉花糖完成。	20　擠花袋隔熱水保溫。（註：避免棉花糖乾掉。）
	21　蓋上鋁箔紙。（註：加強保溫效果。）
14　棉花糖分成兩份，原色和金黃色各一份。先把原色棉花糖，裝入擠花袋中。	D　造型製作
	22　烤盤鋪上烘焙布或是烘焙墊，並灑上日式太白粉。（註：避免棉花糖沾黏。）

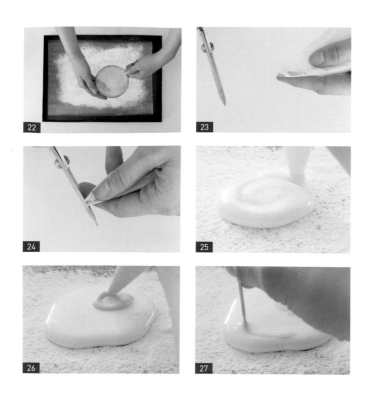

23 把原色棉花糖，剪開大洞。

24 金黃色棉花糖，則剪開小洞。

25 手垂直握著擠花袋，用原色
擠蛋白。

26 稍乾後，用金黃色擠蛋黃。

27 再擠一點蛋液，最後用牙籤
勾劃蛋液。

TIPS

① 棉花糖也可放在 45℃ 的烤
箱中保溫。

② 擠出棉花糖時有氣泡，可
用牙籤挑破。

PART **5** 組合

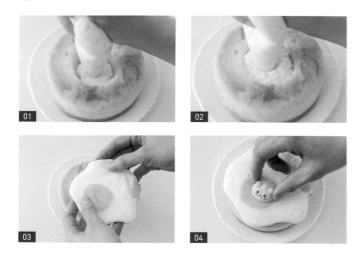

01 蛋糕體翻到平整面，在中
空處擠入香橙慕斯。

02 延續上一步，擠滿。

03 把荷包蛋棉花糖放到蛋糕
體上。

04 最後將貓咪棉花糖擺到荷
包蛋上。

TIPS

如果貓咪要黏在荷包蛋上，
貓咪底部稍微沾水黏著。

藍莓巧克力戚風蛋糕

🕐 約 50 分鐘

🍰 3 人（5 吋）

🔥 每台烤箱溫度不同，根據實際
　狀況做預熱動作

工具材料
INSTRUMENTS & INGREDIENTS

①5吋戚風中　　⑧手持攪拌器
　空紙模　　　　⑨麵粉篩網
②調理盆　　　　⑩小網篩
③量匙　　　　　⑪一般刮刀
④電子秤　　　　⑫耐熱刮刀
⑤溫度計　　　　⑬烤箱
⑥分蛋器　　　　⑭烤盤
⑦打蛋器

◆ 蛋糕體

	蛋黃	5 顆
	細砂糖（1）（麵糊用）	26g
	液態油	50g
Ⓐ	鮮奶	50g
	低筋麵粉	60g
	玉米粉	17g
	可可粉	12g
	飲用水	36g

| | 蛋白 | 5 顆 |
| Ⓑ | 細砂糖（2）（打發蛋白用） | 50g |

◆ 裝飾

防潮糖粉	適量
乾燥花	適量
薄荷葉	適量

步驟製作
STEP BY STEP

PART ❶ 蛋糕體製作

Ⓐ 麵糊製作

01　蛋黃倒入調理盆中，攪拌均勻。

02　加入細砂糖（1）。

03　攪拌均勻。

04　再倒下液態油。

05　攪拌均勻。

06　最後加入鮮奶。

07 攪拌均勻。

08 延續上一步,倒進過篩好的低筋
麵粉與玉米粉。

09 攪拌均勻。

10 可可粉加水拌勻成糊。

11 加入步驟 9 中。

12 攪拌均勻後,放置一邊備用。

B 蛋白霜製作

13 從冰箱將蛋白取出,倒入調理
盆中。

14 把蛋白打發到出現大眼泡泡,加
入 ⅓ 的細砂糖(2)(第 1 次)。

15 繼續打發到光滑細緻後,再加 ⅓ 的
糖(第 2 次)。

16 最後打到蛋白呈濕性打發,倒進剩
餘的糖(第 3 次)。

17 打到蛋白為乾性打發後,蛋白霜
完成。

C 蛋糕體製作

18 把蛋白霜分一部份倒入麵糊中,
用刮刀翻拌。

19 延續上一步,倒回剩餘的蛋白霜
中,翻拌均勻。

20 紙模包上鋁箔紙。

21 把麵糊倒入模中,稍微搖晃使表
面平整。

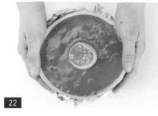

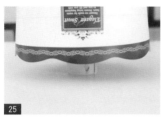
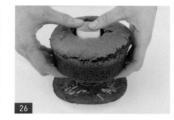

22　放入烤箱前，輕震紙模，讓空氣釋出。

23　家用烤箱溫度設定上火 150℃／下火
　　150℃，烤 30 分鐘，在第 20 分鐘時，
　　烤盤調頭。（註：專業烤箱則是上火
　　200℃／下火 130℃。）

24　出爐後，再次輕震紙模，讓空氣釋出。

25　倒扣放涼。

26　幫蛋糕體脫模。

27　蛋糕體製作完成。

TIPS

　　鮮奶可用濃縮牛乳替代，乳
值數更高，蛋糕體口感更綿密。

PART ❷ 組合

01　把防潮糖粉過篩，撒在蛋糕體表面。

02　再放上適量的乾燥花瓣。

03　最後取些許薄荷葉裝飾。

TIPS

可以在中空處擠奶油、淋果醬、
放布丁或軟慕斯，增加風味。

3D立體草莓戚風蛋糕

🕐 約 50 分鐘

🍰 3人（5吋）

⚙ 每台烤箱溫度不同，根據實際
狀況做預熱動作

① 5 吋戚風中空紙模
② 調理盆
③ 量匙
④ 電子秤
⑤ 溫度計
⑥ 分蛋器
⑦ 打蛋器
⑧ 手持攪拌器
⑨ 麵粉篩網
⑩ 小網篩
⑪ 一般刮刀
⑫ 耐熱刮刀
⑬ 烤箱
⑭ 烤盤
⑮ 擠花袋
⑯ 花型餅乾模
⑰ 翻糖壓模
⑱ 半圓模
⑲ 6 吋不沾固定模
⑳ 烤盤油
㉑ 鍋具

◆ 蛋糕體

A	蛋黃	5 顆
	細砂糖（1）（麵糊用）	26g
	液態油	50g
	鮮奶	50g
	可可粉	12g
	飲用水	36g
	低筋麵粉	60g
	玉米粉	17g
	蛋白	5 顆
B	細砂糖（2）（打發蛋白用）	50g

	低筋麵粉	30g
	玉米粉	10g
	紅麴粉	3g
B	飲用水（紅麴粉用）	9g
	抹茶粉	3g
	飲用水（抹茶粉用）	9g
	蛋白	4 顆
C	細砂糖（2）（打發蛋白用）	40g
D	白色和草莓巧克力	適量

◆ 裝飾草莓與葉子

A	蛋黃	4 顆
	細砂糖（1）（麵糊用）	15g
	液態油	25g
	鮮奶	25g

◆ 藍莓奶凍內餡

動物性鮮奶油	100g
馬斯卡彭乳酪	120g
藍莓果醬	100g
吉利丁片	2 片
濃縮檸檬汁	10g

PART ❶ 蛋糕體製作

A 麵糊製作

01 蛋黃倒入調理盆中，攪拌均勻。

02 加入細砂糖（1）。

03 攪拌均勻。

04　再倒下液態油。

05　攪拌均勻。

06　最後加入鮮奶。

07　攪拌均勻。

08　延續上一步，倒進過篩好的
　　低筋麵粉與玉米粉。

09　攪拌均勻。

10　可可粉加水拌勻成糊。

11　加入步驟 9 中。

12　攪拌均勻後，放置一邊備用。

B　蛋白霜製作

13　從冰箱將蛋白取出，倒入調理盆中。

14　把蛋白打發到出現大眼泡泡，加入
　　⅓ 的細砂糖（2）（第 1 次）。

15　繼續打發到光滑細緻後，再加 ⅓ 的
　　糖（第 2 次）。

16　最後打到蛋白呈濕性打發，倒進剩餘
　　的糖（第 3 次）。

17　打到蛋白為乾性打發後，蛋白霜完成。

C　蛋糕體製作

18　把蛋白霜分一部份倒入麵糊中，用刮
　　刀翻拌。

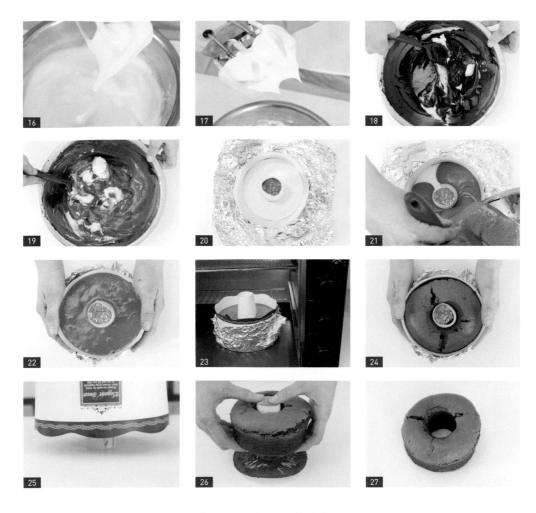

19 延續上一步，倒回剩餘的蛋白霜中，翻拌均勻。

20 紙模包上鋁箔紙。

21 把麵糊倒入模中，稍微搖晃使表面平整。

22 放入烤箱前，輕震紙模，讓空氣釋出。

23 家用烤箱溫度調整上火 150°C／下火 150°C，烤 30 分鐘，在第 20 分鐘時，烤盤調頭。（註：專業烤箱則是上火 200°C／下火 130°C。）

24 出爐後，再次輕震紙模，讓空氣釋出。

25 倒扣放涼。

26 幫蛋糕體脫模。

27 蛋糕體製作完成。

TIPS

　　鮮奶可用濃縮牛乳替代，乳值數更高，蛋糕體口感更綿密。

A 麵糊製作

01 把蛋黃倒入調理盆中。

02 攪拌均勻。

03 加入細砂糖（1）。

04 攪拌均勻。

05 再倒入液態油。

06 攪拌均勻。

07 最後加進鮮奶。

08 攪拌均勻。

09 玉米粉倒入網篩中。

10 加入低筋麵粉。

11 一同過篩倒入蛋黃中。

12 攪拌均勻後，放置一邊備用。

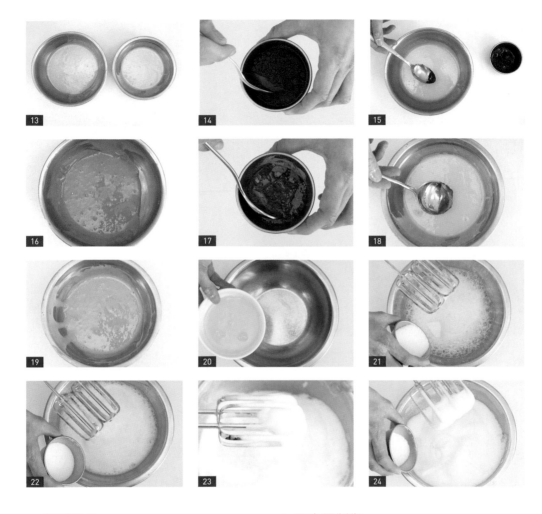

B 麵糊染色

13 麵糊分成兩份,草莓(A)和
  葉子(B)。

14 紅麴粉加水拌勻成糊。

15 倒入麵糊(A)中。

16 攪拌均勻後,放置一邊備用。

17 抹茶粉加水拌勻成糊。

18 倒入麵糊(B)中。

19 攪拌均勻後,放置一邊備用。

C 蛋白霜製作

20 從冰箱將蛋白取出,倒入調理盆中。

21 把蛋白打發到出現大眼泡泡,加入
  ⅓的細砂糖(2)(第1次)。

22 繼續打發到光滑細緻後,再加⅓的
  糖(第2次)。

23 最後打到蛋白呈濕性打發。

24 倒進剩餘的糖(第3次)。

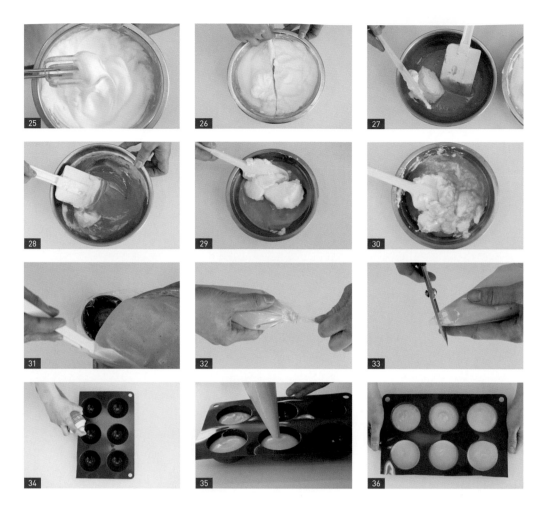

25　打到蛋白為乾性打發後，蛋白
　　霜完成。

D　草莓與葉子製作

26　蛋白霜分成兩份，草莓（A）
　　和葉子（B）。

27　蛋白霜（A），用刮刀放入紅
　　麴麵糊中。

28　攪拌均勻。

29　蛋白霜（B），則放入抹茶麵
　　糊中。

30　攪拌均勻。

31　將紅麴麵糊倒入擠花袋中。

32　綁緊。

33　剪開大洞。

34　半圓模全部噴油。（註：方便脫模完
　　整。）

35　擠入紅麴麵糊，約八分滿。

36　輕震半圓模，讓空氣釋出。

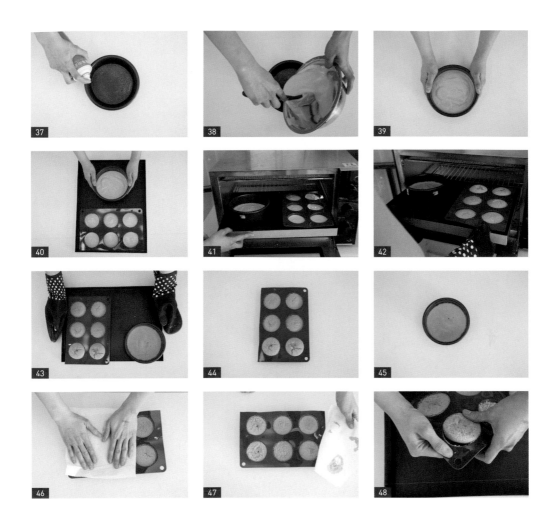

37 不沾模底部噴油。

38 倒入抹茶麵糊。

39 輕震不沾模，讓空氣釋出。

40 把兩個模具一併放到烤盤上。

41 烤箱溫度設定為上火 140℃ ／下火 140℃，烤 20 分鐘。（註：專業烤箱是 180℃ ／下火 120℃。）

42 出爐。

43 輕震烤盤，讓模具中的空氣釋出。

44 把半圓模移出烤盤。

45 再移出不沾模。

E 草莓與葉子造型製作

46 冷卻後，用微濕的衛生紙覆蓋在紅麴蛋糕體表面，輕壓。

47 拿起衛生紙，去除上色表皮。

48 幫紅麴蛋糕體脫模。

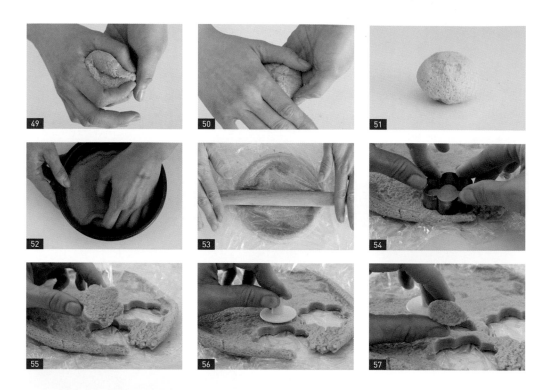

49　虎口輕壓蛋糕體，塑型。

50　塑型後，拇指按壓頂端固定。

51　蛋糕體頂端朝下放置一邊備用。

52　冷卻後，幫抹茶蛋糕體脫模，放在保鮮膜上。

53　在表面鋪保鮮膜，用擀麵棍輕滾壓扁。

54　用花型餅乾模，壓出草莓蒂。

55　取下，放置一邊備用。

56　用翻糖壓模，壓出葉子。

57　取下，放置一邊備用。

01 將動物性鮮奶油倒入鍋中。

02 放進馬斯卡彭乳酪。（註：馬斯卡彭乳酪先放在常溫軟化。）

03 兩者一同加熱攪拌融化。

04 再加入藍莓果醬。

05 三者攪拌均勻後，關火。

06 把吉利丁片擰乾，丟入鍋中。

07 重新開火，將吉利丁片融化。

08 融化後倒入濃縮檸檬汁，攪拌均勻後，關火冷卻。

09 奶凍冷卻完，放進冰箱冷藏。使用時再取出裝進擠花袋中。

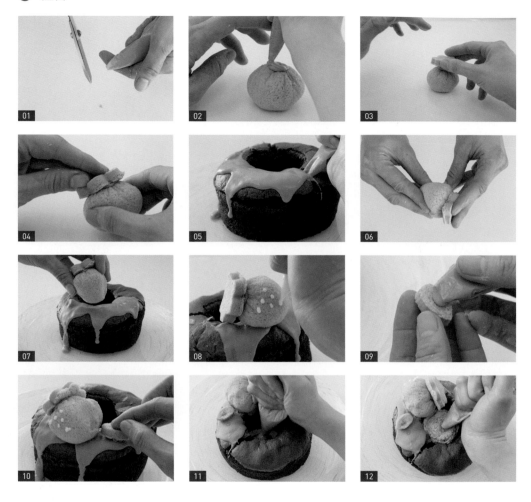

01　隔水加熱融化的草莓巧克力裝入擠花袋中，剪開小洞使用。（註：隔水避免直火燒焦。）

02　取出草莓蛋糕體，在頂端擠上一些草莓巧克力。

03　把草莓蒂放到草莓上。

04　輕壓固定。

05　剩餘的草莓巧克力，對著蛋糕體表面，不規則的淋上。

06　組裝完的草莓，用手將底部捏尖。

07　放到蛋糕體上。

08　隔水加熱融化的白巧克力裝入擠花袋，剪開小洞，在草莓上擠草莓籽。

09　取出葉子，在背後擠上一些草莓巧克力。

10　放在蛋糕體上輕壓固定。

11　最後對著蛋糕體中空處擠奶凍。

12　擠滿後，3D 立體草莓蛋糕完成。

玫瑰蛋糕

玫瑰蛋糕

🕐 約 50 分鐘

🍰 4 人（6 吋）

♨ 每台烤箱溫度不同，根據實際狀況做預熱動作

工具材料
INSTRUMENTS & INGREDIENTS

①6 吋天使不沾模
②調理盆
③量匙
④電子秤
⑤溫度計
⑥厚底鍋
⑦分蛋器
⑧打蛋器
⑨手持攪拌器
⑩麵粉篩網
⑪小網篩
⑫一般刮刀
⑬耐熱刮刀
⑭烤箱
⑮烤盤
⑯擠花袋
⑰圓形餅乾模
⑱翻糖壓模
⑲擀麵棍
⑳鍋具
㉑6 吋陽極固定模
㉒6 吋不沾固定模
㉓烤盤油

◆ 蛋糕體

	蛋黃	5 顆
	細砂糖（1）（麵糊用）	26g
	液態油	50g
Ⓐ	鮮奶	50g
	低筋麵粉	60g
	玉米粉	17g
	抹茶粉	10g
	飲用水	30g
	蛋白	5 顆
Ⓑ	細砂糖（2）（打發蛋白用）	50g
	蛋白	4 顆
Ⓒ	細砂糖（2）（打發蛋白用）	40g

◆ 玫瑰花與葉子

	蛋黃	4 顆
	細砂糖（1）（麵糊用）	15g
Ⓐ	液態油	25g
	鮮奶	25g
	玉米粉	10g
	低筋麵粉	30g
	紅麴粉	5g
	飲用水（紅麴粉用）	15g
Ⓑ	抹茶粉	5g
	飲用水（抹茶粉用）	15g

◆ 抹茶紅豆慕斯內餡

動物性鮮奶油	150g
細砂糖	30g
全蛋	1 顆
抹茶粉	5g
吉利丁片	2 片
紅豆餡	60g

◆ 裝飾棉花糖

	水麥芽	10g
	濃縮蔓越莓汁	20 g
Ⓐ	覆盆子酒	10g
	細砂糖（1）（與果汁調和）	25g
	吉利丁片	3 片
	蛋白	35g
Ⓑ	細砂糖（2）（蛋白打發用）	35g
Ⓒ	色膏：● 紅色（Red（no-taste））／裝飾棉花糖	

◆ 小花瓣

白色和草莓巧克力	適量

步驟製作
STEP BY STEP

PART **1** 蛋糕體製作

A 麵糊製作

01　蛋黃倒入調理盆中。

02　攪拌均勻。

03　加入細砂糖（1）。

04　攪拌均勻。

05　再倒下液態油。

06　攪拌均勻。

07　最後加入鮮奶，攪拌均勻。

08　倒進過篩好的低筋麵粉。

09　再把過篩過的玉米粉倒入。

10 攪拌均勻。

11 抹茶粉加水拌勻成糊。

12 加入步驟 10 中，攪拌均勻後，放置一邊備用。

B 蛋白霜製作

13 從冰箱將蛋白取出，倒入調理盆中。

14 把蛋白打發到出現大眼泡泡，加入 ⅓ 的細砂糖（2）（第 1 次）。

15 繼續打發到光滑細緻後，再加 ⅓ 的糖（第 2 次）。

16 最後打到蛋白呈濕性打發，倒進剩餘的糖（第 3 次）。

17 打到蛋白為乾性打發後，蛋白霜完成。

C 蛋糕體製作

18 把蛋白霜分一部份倒入麵糊中，用刮刀翻拌。

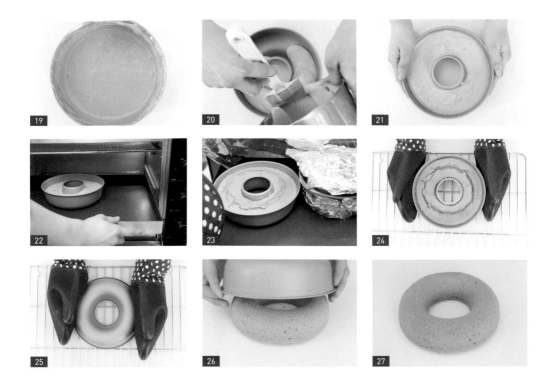

19　延續上一步，倒回剩餘的蛋白霜中，翻拌均勻。

20　把麵糊倒入模中，稍微搖晃使表面平整。

21　放入烤箱前，輕震天使模，讓空氣釋出。

22　家用烤箱溫度上火 150°C ／下火 150°C，烤 30 分鐘，在第 20 分鐘時，烤盤調頭。（註：專業烤箱則是上火 200°C ／下火 130°C。）

23　出爐。

24　再次輕震天使模，讓空氣釋出。

25　倒扣放涼。

26　幫蛋糕體脫模。

27　蛋糕體製作完成。

A 麵糊製作

01	把蛋黃倒入調理盆中。	07	最後加進鮮奶。
02	攪拌均勻。	08	攪拌均勻。
03	加入細砂糖（1）。	09	玉米粉倒入網篩中。
04	攪拌均勻。	10	加入低筋麵粉。
05	再倒入液態油。	11	一同過篩倒入蛋黃中。
06	攪拌均勻。	12	攪拌均勻後，放置一邊備用。

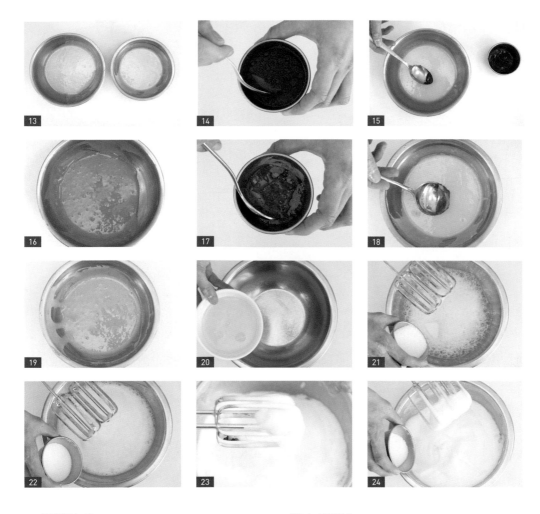

B 麵糊染色

13　麵糊分成兩份，玫瑰（A）和葉子（B）。

14　紅麴粉加水拌勻成糊。

15　倒入麵糊（A）中。

16　攪拌均勻後，放置一邊備用。

17　抹茶粉加水拌勻成糊。

18　倒入麵糊（B）中。

19　攪拌均勻後，放置一邊備用。

C 蛋白霜製作

20　從冰箱將蛋白取出，倒入調理盆中。

21　把蛋白打發到出現大眼泡泡，加入 ⅓ 的細砂糖（2）（第 1 次）。

22　繼續打發到光滑細緻後，再加 ⅓ 的糖（第 2 次）。

23　最後打到蛋白呈濕性打發。

24　倒進剩餘的糖（第 3 次）。

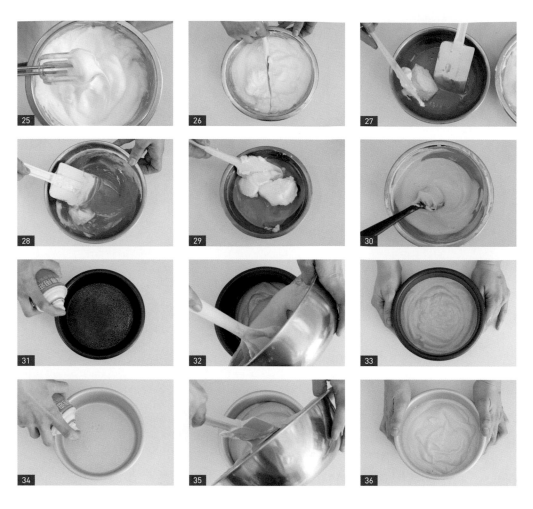

25　打到蛋白為乾性打發後，蛋白霜完成。

D　玫瑰葉子製作

26　蛋白霜分成兩份，玫瑰（A）和葉子（B）。

27　蛋白霜（A），用刮刀放入紅麴麵糊中。

28　攪拌均勻。

29　蛋白霜（B），則放入抹茶麵糊中。

30　攪拌均勻。

31　不沾模底部噴油。

32　倒入紅麴麵糊。

33　輕震不沾模，讓空氣釋出。

34　陽極固定模全部噴油。

35　倒入抹茶麵糊。

36　輕震陽極模，讓空氣釋出。

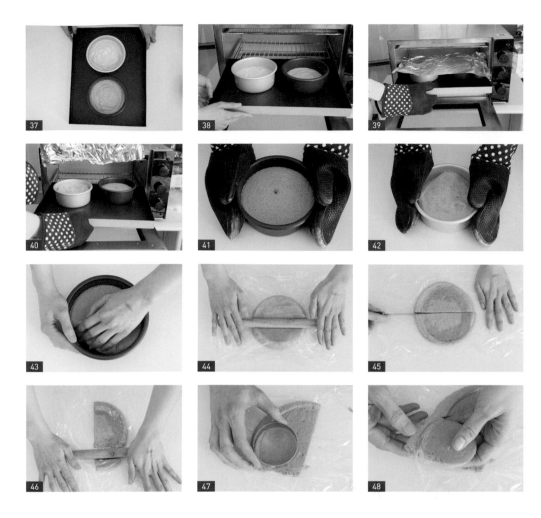

E 玫瑰葉子造型製作

37　將兩個模具一併放在烤盤上。

38　烤箱溫度調整上火 150°C ／下
　　火 150°C，烤 20 分鐘。

39　蓋上鋁箔紙，避免表面上色。

40　出爐。

41　把不沾模移出烤盤，輕震，讓
　　空氣釋出。

42　再移出陽極模，輕震，讓空氣
　　釋出。

43　冷卻後，幫紅麴蛋糕體脫模，放在
　　保鮮膜上。

44　表面鋪保鮮膜，用擀麵棍輕滾壓薄。

45　對切成兩半。

46　每一半都用擀麵棍壓薄。（註：太
　　厚無法捲起塑型。）

47　再用圓形餅乾模壓模，至少 3 片。

48　取下。

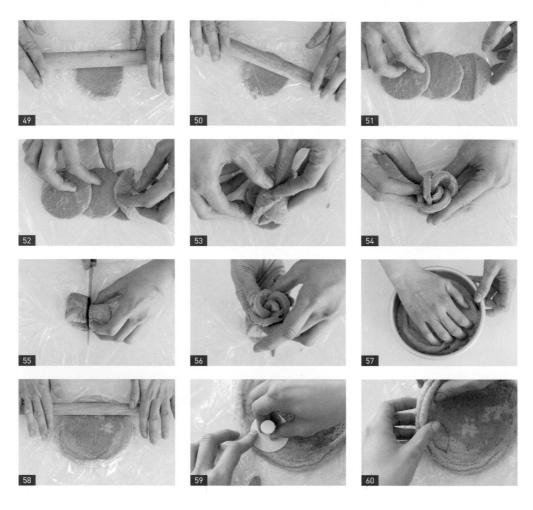

49　每片圓形都繼續壓薄。

50　壓到適當薄度，去除保鮮膜。

51　將 3 片蛋糕體排好。

52　用手往前捲。

53　捲到最後一片。

54　直立握起。

55　切掉 ⅓ 底部。

56　微壓塑型後，放到一邊備用。

57　冷卻後，幫抹茶蛋糕體脫模，放在
　　保鮮膜上。

58　表面鋪保鮮膜，用擀麵棍輕滾壓薄。

59　用翻糖壓模，壓出葉子。

60　取下後，放到一邊備用。

01 將動物性鮮奶油與細砂糖倒入鍋中，開火熬煮。煮到細砂糖溶解後關火，放
    在爐上保溫。

02 全蛋倒入調理盆中，倒入抹茶粉，攪拌均勻。

03 延續上一步，重新開火將步驟 1 煮勻倒入。

04 再把步驟 3 倒回小網篩中。

05 過篩。

06 擰乾吉利丁片。

07 把吉利丁片放入步驟 5，拌勻融化。

08 最後加入紅豆餡，拌勻。

09 放涼後冷藏保鮮。

A 調味

01 手沾濕後，取出水麥芽放到鍋中。

02 倒入濃縮蔓越莓汁。

03 再倒進覆盆子酒

04 最後加入細砂糖（1），開火。

05 煮到糖溶解。

06 將吉利丁片擰乾後，放入鍋中。

07 延續上一步，將吉利丁片加熱融化，融化完放爐上備用。

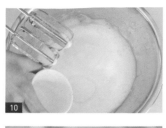
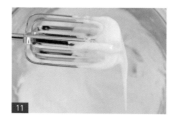

B 蛋白霜製作

08　從冰箱將蛋白取出，倒入調理盆中。

09　蛋白打發到出現大眼泡泡後，加入 ½ 的細砂糖（2）。

10　繼續打發到蛋白呈現光滑細緻後，倒入剩餘的細砂糖（2）。

11　最後打到蛋白為濕性打發後，暫停打發。

C 棉花糖製作

12　調味 A 倒進蛋白霜 B 中，隔熱水打發。

13　持續打到蛋白呈現不滴落的狀態，最後盆內蛋白能沿盆壁流下後，流痕緩緩消失便停止打發，棉花糖完成。

14　加入紅色色膏，攪拌均勻。

15　放入擠花袋中，綁緊，剪開大洞使用。

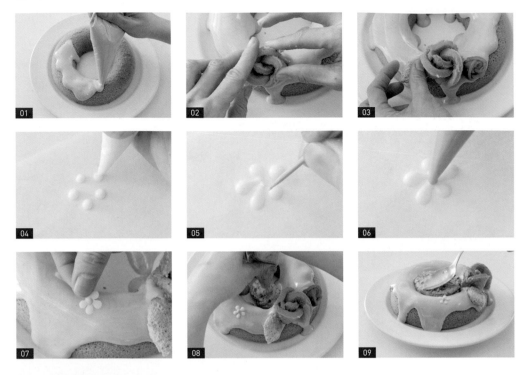

01 做好的裝飾棉花糖，沿著蛋糕體擠出。

02 把玫瑰蛋糕體，放在蛋糕體表層未乾的棉花糖上，輕壓固定。

03 取出葉子，放在蛋糕體表層未乾的棉花糖上，輕壓固定。

04 隔水加熱融化的白巧克力與草莓巧克力，裝入擠花袋中剪開小洞，用白巧克力擠花瓣。（註：隔水避免直火燒焦。）

05 用牙籤將花瓣連結一點。

06 再用草莓巧克力點花蕊。

07 花瓣稍乾後，放在蛋糕體表面。

08 做好的內餡裝入擠花袋中，剪開大洞，對準蛋糕體中空處擠。

09 擠滿後，把不平整處，稍用湯匙抹勻。

豬玩泥巴
造型戚風蛋糕

豬玩泥巴造型戚風蛋糕

🕐 約 50 分鐘

🍽 4 人（6 吋）

🔥 每台烤箱溫度不同，根據實際
狀況做預熱動作

工具材料
INSTRUMENTS & INGREDIENTS

① 6 吋陽極中空活動模	⑦ 均質機	⑭ 烤箱
② 手持攪拌器	⑧ 分蛋器	⑮ 烤盤
③ 調理盆	⑨ 打蛋器	⑯ 烤盤油
④ 量匙	⑩ 麵粉篩網	⑰ 軟毛刷
⑤ 電子秤	⑪ 小網篩	⑱ 烘焙布
⑥ 溫度計	⑫ 一般刮刀	⑲ 擠花袋
	⑬ 耐熱刮刀	⑳ 厚底鍋

◆ 蛋糕體

	無鹽發酵奶油	220g
	白巧克力	110g
Ⓐ	蔓越莓果醬	80g
	覆盆莓果乾	80g
	低筋麵粉	130g
Ⓑ	蛋白	6 顆
	細砂糖	75g
Ⓒ	蛋黃	5 顆
	覆盆子酒	20g
Ⓓ	色膏：● 紅色（Red（no-taste））	少許
	（註：紅色色膏可用 2g 紅麴粉加 5g 水調糊替代。）	

◆ 小豬造型棉花糖

	濃縮蔓越莓汁	20g
	水麥芽	10g
Ⓐ	細砂糖（1）（與果汁調和）	25g
	覆盆子酒	10g
	吉利丁片	3 片
Ⓑ	蛋白	35g
	細砂糖（2）（蛋白打發用）	35g
Ⓒ	色膏：● 紅色（Red（no-taste）） ＋● 褐色（Copper）／身體 ● 黑色（Black）／眼睛	
	日式太白粉	適量

◆ 甘乃許淋醬

動物性鮮奶油		50g
黑巧克力		100g

PART **1** 蛋糕體製作

A 麵糊製作

01 將無鹽發酵奶油和白巧克力放入鍋中,隔水加熱融化。注意溫度不要超過 50℃。(註:超過 50℃ 容易油水分離。)

02 攪拌融化。

03 倒入蔓越莓果醬。

04 繼續攪拌。

05 再放覆盆莓果乾。

06 攪拌均勻,加入少許紅色色膏。(註:或加入紅麴粉糊。)

07 用均質機再次攪拌。

08 低筋麵粉倒入網篩中。

09 過篩後倒入步驟 7 中。

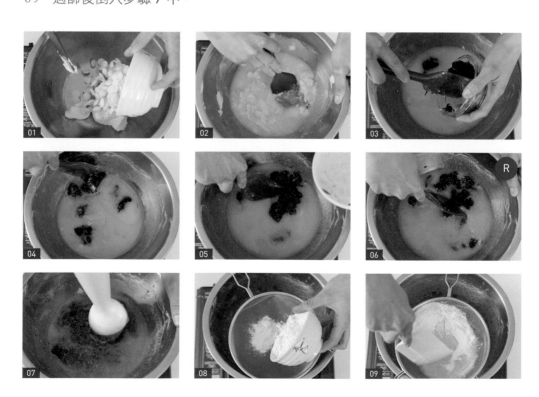

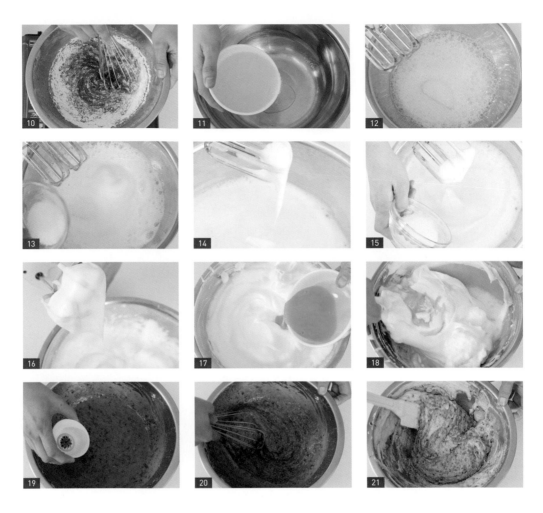

10 攪拌均勻後，放置一邊備用。

B 蛋白霜製作

11 從冰箱將蛋白取出，倒入調理盆中。

12 把蛋白打發到出現大眼泡泡，加入
⅓ 的細砂糖（第 1 次）。

13 繼續打發到光滑細緻後，再加 ⅓ 的
糖（第 2 次）。

14 最後打到蛋白呈濕性打發。

15 倒進剩餘的糖（第 3 次）。

16 打到蛋白為乾性打發後，蛋
白霜完成。

C 蛋糕體製作

17 加入蛋黃。

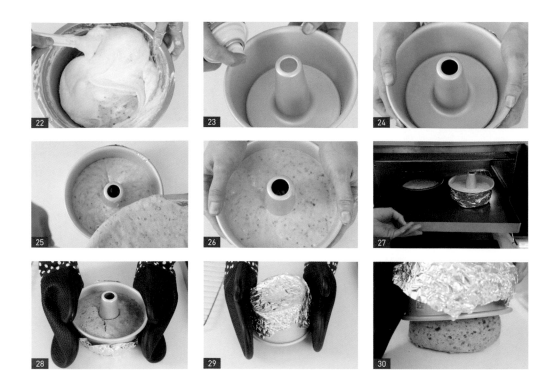

18 攪拌均勻。

19 覆盆子酒倒進麵糊。

20 攪拌均勻。

21 取一部分麵糊與蛋白霜混合，攪拌均勻。

22 將剩餘麵糊倒入，攪拌均勻。

23 陽極活動模底部噴油，

24 包上鋁箔紙。

25 將麵糊倒入模中。

26 輕震陽極模，讓空氣釋出。

27 家用烤箱溫度調整上火 150°C／下火 150°C，烤 30 分鐘，在第 20 分鐘時，烤盤調頭。（註：專業烤箱則是上火 200°C／下火 130°C。）

28 出爐後，輕震陽極模，讓空氣釋出

29 倒扣放涼。

30 幫蛋糕體脫模。

A 調味

01　將濃縮蔓越莓汁倒進鍋中。

02　手沾濕後，取出水麥芽放入鍋中。

03　再加入細砂糖（1）。

04　最後倒進覆盆子酒，開火。

05　煮到糖溶解。

06　將吉利丁片擰乾後，放入鍋中。

07　延續上一步，將吉利丁片加熱融化，融化完放爐上備用。

B 蛋白霜製作

08　從冰箱將蛋白取出，倒入調理盆中。

09　蛋白打發到出現大眼泡泡後，加入 ½ 的細砂糖（2）。

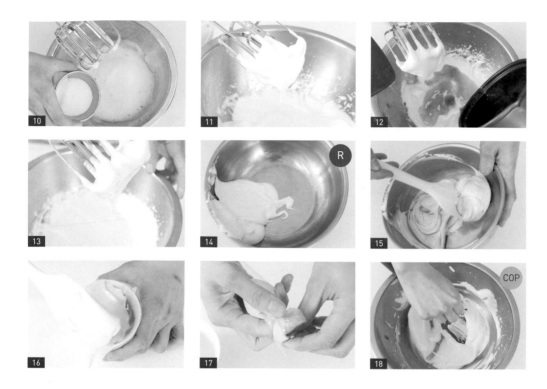

10 繼續打發到蛋白呈現光滑細緻後，倒入剩餘的細砂糖（2）。

11 最後打到蛋白為濕性打發後，暫停打發。

C 棉花糖製作

12 調味 A 倒進蛋白霜 B 中，隔熱水打發。

13 持續打到蛋白呈現不滴落的狀態，最後盆內蛋白能沿盆壁流下後，流痕緩緩消失便停止打發，棉花糖完成。

14 取出些許棉花糖，加入紅色色膏。

15 攪拌均勻。

16 用刮刀放入擠花袋中。

17 綁緊，需要兩份。

18 再把剩餘棉花糖，加入褐色色膏。

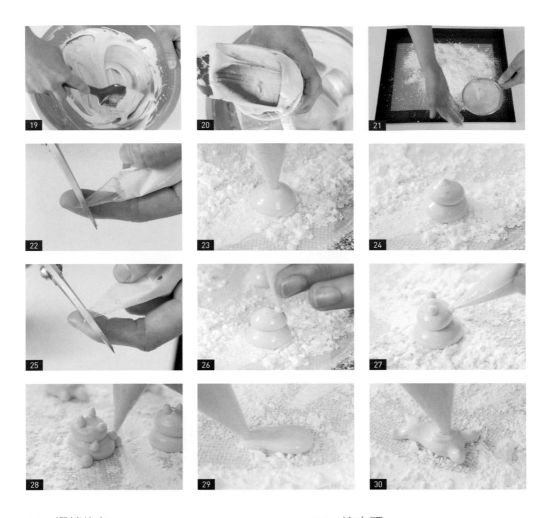

19 攪拌均勻。

20 裝入擠花袋中綁緊，需要兩份。

D 造型製作

21 烤盤上鋪烘焙布或烘焙墊，撒上日式太白粉。（註：避免棉花糖沾黏。）

22 拿一個褐色擠花袋剪大洞。

23 手垂直握擠花袋，擠出小豬造型（A）的身體。

24 擠出頭。

25 把另一個褐色擠花袋剪小洞。

26 擠耳朵。

27 擠鼻子。

28 擠手腳。

29 換小豬造型（B），用大洞的棉花糖擠身體和手腳。

30 擠出頭。

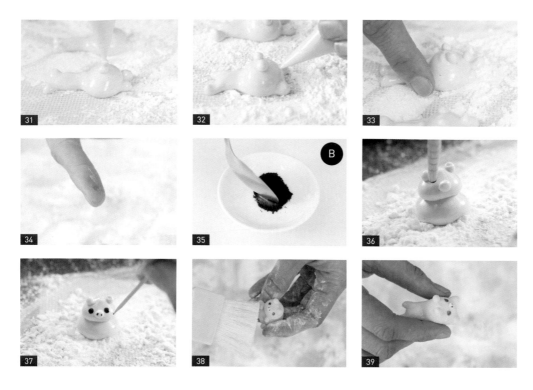

31 用小洞的棉花糖擠耳朵。

32 擠鼻子。

33 放乾。

34 直到棉花糖不沾手的程度。

35 調配黑色色膏，做五官。

36 用牙籤或竹筷，沾黑色色膏點眼睛。

37 用牙籤，沾黑色色膏點鼻孔。紅色的小豬作法，同步驟 22 ～ 37。

38 全乾後，用軟毛刷刷去殘留太白粉。

39 小豬棉花糖製作完成。

TIPS

① 棉花糖也可放在 45℃ 的烤箱中保溫。

② 擠出棉花糖時有氣泡，可用牙籤挑破。

③ 黑色色膏也可以改成竹炭粉加水調勻。

01 將動物性鮮奶油倒進調理盆中。

02 加熱融化，溫度不超過 55℃。

03 把動物性鮮奶油沖入黑巧克力中。

04 持續攪拌到黑巧克力微融。

05 再把黑巧克力隔水加熱融化。（註：隔水避免直火燒焦。）

06 成品呈現流動狀。

TIPS

如果巧克力溶解後太稠，可添加動物性鮮奶油，增加滑順感。

PART ④ 組合

01 甘乃許淋醬對著蛋糕體隨意倒上。

02 用刮刀輕抹勻。

03 放上做好的小豬棉花糖在蛋糕體適當處。

熊愛泡澡
造型蛋糕

熊愛泡澡造型蛋糕

🕐 約 50 分鐘

🍚 3 人（5 吋）

🔥 每台烤箱溫度不同，根據實際狀況做預熱動作

工具材料
INSTRUMENTS & INGREDIENTS

① 5 吋戚風中空紙模
② 調理盆
③ 量匙
④ 電子秤
⑤ 溫度計
⑥ 厚底鍋
⑦ 分蛋器
⑧ 打蛋器
⑨ 手持攪拌器
⑩ 麵粉篩網
⑪ 小網篩
⑫ 一般刮刀
⑬ 耐熱刮刀
⑭ 烤箱
⑮ 烤盤
⑯ 擠花袋
⑰ 軟毛刷
⑱ 烘焙布

◆ 蛋糕體

	蛋黃	5 顆
	細砂糖（1）（麵糊用）	26g
Ⓐ	液態油	50g
	鮮奶	50g
	低筋麵粉	60g
	玉米粉	17g
	香草醬	少許
	蛋白	5 顆
Ⓑ	細砂糖（2）（打發蛋白用）	50g

◆ 泡澡熊棉花糖

	水麥芽	10g
	濃縮蔓越莓汁	20g
Ⓐ	細砂糖（1）（與果汁調和）	25g
	覆盆子酒	10g
	吉利丁片	3 片
	蛋白	35g
Ⓑ	細砂糖（2）（蛋白打發用）	35g

Ⓒ 色膏：● 紅色（Red（no-taste））
　　　　 ＋ ● 褐色（Copper）／身體
　　　　 ● 黑色（Black）／眼睛

Ⓓ 食用色粉 ⋯⋯⋯⋯ 5 g
　 日式太白粉 ⋯⋯⋯ 適量

◆ 泡澡水 + 泡澡石棉花糖

	水麥芽	10g
	濃縮柳橙汁	20g
	橙酒	10g
Ⓐ	細砂糖（1）（與果汁調和）	25g
	吉利丁片	3 片
	蛋白	35g
Ⓑ	細砂糖（2）（蛋白打發用）	35g

Ⓒ 色膏：● 蒂芬妮綠色（Teal）／水
　 日式太白粉 ⋯⋯⋯⋯⋯ 適量

PART ❶ 蛋糕體製作

A 麵糊製作

01 蛋黃倒入調理盆中。

02 攪拌均勻。

03 加入細砂糖（1）。

04 再倒下液態油。

05 攪拌均勻。

06 最後加入鮮奶。

07 攪拌均勻。

08 倒進過篩好的低筋麵粉。

09 再把過篩過的玉米粉倒入。

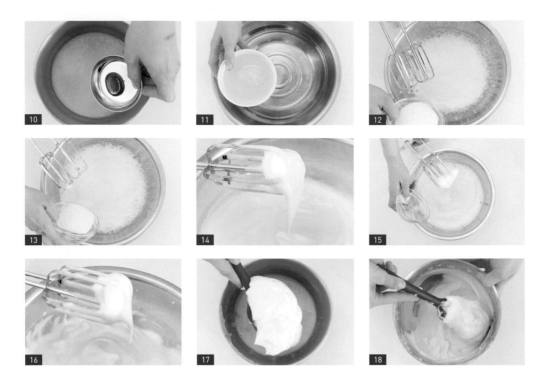

10 最後添加適量香草醬，攪拌均勻後，放置一邊備用。

B 蛋白霜製作

11 從冰箱將蛋白取出，倒入調理盆中。

12 把蛋白打發到出現大眼泡泡，加入 ⅓ 的細砂糖（2）（第 1 次）。

13 繼續打發到光滑細緻後，再加 ⅓ 的糖（第 2 次）。

14 最後打到蛋白呈濕性打發。

15 倒進剩餘的糖（第 3 次）。

16 打到蛋白為乾性打發後，蛋白霜完成。

C 蛋糕體製作

17 把蛋白霜分一部份倒入麵糊中,用刮刀翻拌。

18 延續上一步,倒回剩餘的蛋白霜中,翻拌均勻。

19 紙模包上鋁箔紙。

20 把麵糊倒入模中,稍微搖晃使表面平整。

21 放入烤箱前,輕震紙模,讓空氣釋出。

22 家用烤箱溫度上火 150℃／下火 150℃,烤 30 分鐘,在第 20 分鐘時,烤盤調頭。(註:專業烤箱則是上火 200℃／下火 130℃。)

23 出爐後,再次輕震紙模,讓空氣釋出。

24 倒扣放涼後,撕開紙模幫蛋糕體脫模。

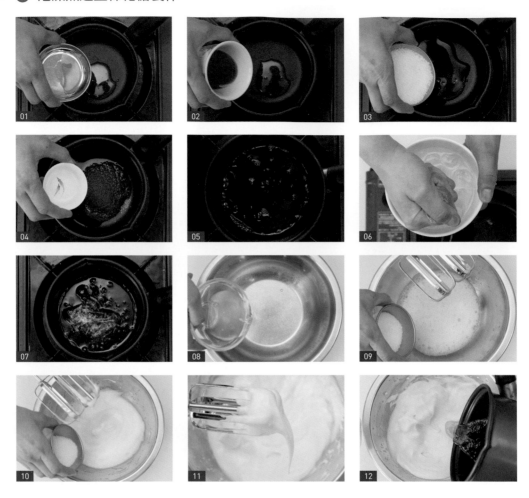

A 調味

01 手沾濕後，取出水麥芽放到鍋中。

02 倒入濃縮蔓越莓汁。

03 再加入細砂糖（1）。

04 最後倒進覆盆子酒，開火。

05 煮到糖溶解。

06 將吉利丁片擰乾後，放入鍋中。

07 延續上一步，將吉利丁片加熱融化，融化完放爐上備用。

B 蛋白霜製作

08 從冰箱將蛋白取出，倒入調理盆中。

09 蛋白打發到出現大眼泡泡後，加入 ½ 的細砂糖（2）。

10 繼續打發到蛋白呈現光滑細緻後，倒入剩餘的細砂糖（2）。

11 最後打到蛋白為濕性打發後，暫停打發。

C 棉花糖製作

12 調味 A 倒進蛋白霜 B 中，隔熱水打發。

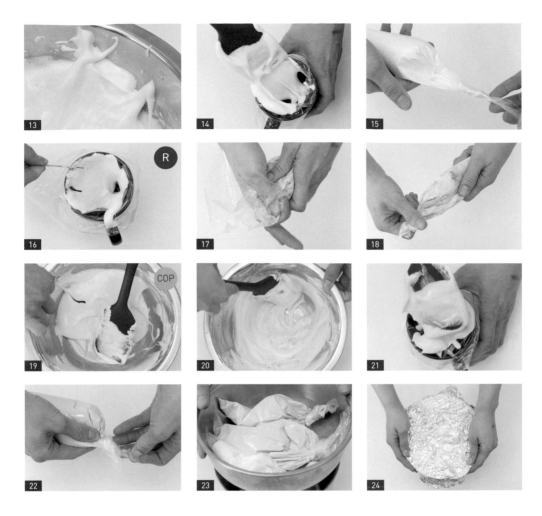

13 持續打到蛋白呈現不滴落的狀
態，最後盆內蛋白能沿盆壁流
下後，流痕緩緩消失便停止打
發，棉花糖完成。

14 棉花糖分成三份，原色、紅色、
褐色各一份。先把原色棉花糖
裝入擠花袋中。

15 綁緊。

16 第二份棉花糖，加入紅色色膏。

17 搓揉染色。

18 綁緊。

19 最後一份棉花糖，加入褐色色膏。

20 攪拌均勻。

21 裝入擠花袋。

22 綁緊。

23 一共有三種顏色的擠花袋。擠花袋隔
熱水保溫。（註：避免棉花糖乾掉。）

24 蓋上鋁箔紙。（註：加強保溫效果。）

D 造型製作

25　烤盤鋪上烘焙布或是烘焙墊，並灑上日式太白粉。（註：避免棉花糖沾黏。）

26　把褐色和原色棉花糖，剪開小洞。

27　手垂直握擠花袋，用褐色擠出熊的頭部。

28　擠出耳朵。

29　在耳朵未乾前，用原色或褐色擠出內耳。

30　擠出熊的手。

31　用原色擠出鼻子。

32　全乾之後用原色或褐色，擠頭巾。

33　全乾後，用竹筷或牙籤沾黑色色膏，點眼睛和鼻子。原色和紅色的泡澡熊製作，同步驟 26 ～ 33。

TIPS
　　① 棉花糖也可放在 45°C 的烤箱中保溫。
　　② 擠出棉花糖時有氣泡，可用牙籤挑破。
　　③ 黑色色膏也可以改成竹炭粉加水調勻。

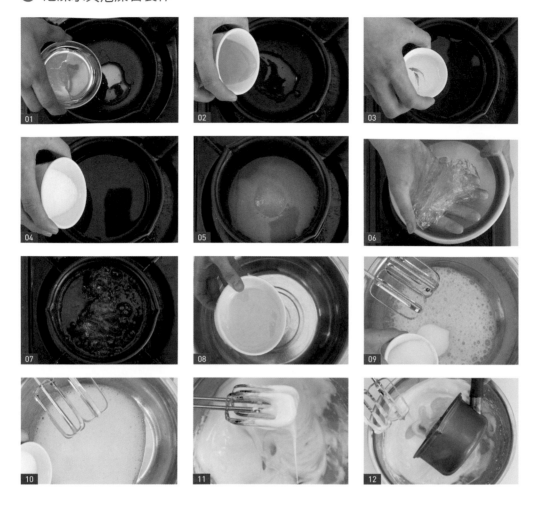

A 調味

01　手沾濕後，取出水麥芽放到鍋中。

02　倒入濃縮柳橙汁。

03　再倒進橙酒。

04　最後加入細砂糖（1），開火。

05　煮到糖溶解。

06　將吉利丁片擰乾後，放入鍋中。

07　延續上一步，將吉利丁片加熱融化，融化完放爐上備用。

B 蛋白霜製作

08　從冰箱將蛋白取出，倒入調理盆中。

09　蛋白打發到出現大眼泡泡後，加入 ½ 的細砂糖（2）。

10　繼續打發到蛋白呈現光滑細緻後，倒入剩餘的細砂糖（2）。

11　最後打到蛋白為濕性打發後，暫停打發。

C 棉花糖製作

12　調味 A 倒進蛋白霜 B 中。

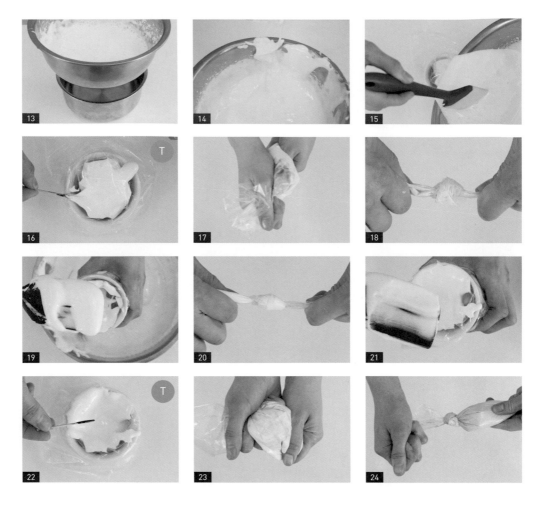

13　隔熱水打發。

14　持續打到蛋白呈現不滴落的狀態，
　　最後盆內蛋白能沿盆壁流下後，流
　　痕緩緩消失便停止打發，棉花糖完
　　成。

15　棉花糖分成三份，原色一份，蒂芬
　　妮綠色兩份。取小部分棉花糖裝到
　　擠花袋中。

16　加入蒂芬妮綠色色膏。

17　搓揉上色。

18　綁緊。

19　再取部分棉花糖裝入擠花袋中。

20　綁緊。

21　把剩餘棉花糖裝入擠花袋。

22　加入蒂芬妮綠色色膏。

23　搓揉上色。

24　綁緊。

D 造型製作

25 烤盤鋪上烘焙布或烘焙墊,並灑上日式
太白粉。(註:避免棉花糖沾黏。)

26 把份量較少的蒂芬妮綠色棉花糖,剪開
小洞。

27 手垂直握擠花袋,擠出適當大小的圓。

TIPS

① 棉花糖也可放在 45℃ 的
烤箱中保溫。

② 擠出棉花糖時有氣泡,
可用牙籤挑破。

PART ❹ 組合

01 份量較多的蒂芬妮綠色棉花糖,
剪開大洞,繞著蛋糕體擠出。

02 淋到適當程度。

03 將做好的泡澡熊造型棉花糖,用
軟毛刷刷去殘留的日式太白粉。

04 再用棉花棒沾食用色粉,點腮紅。

05 最後把泡澡石與泡澡熊棉花糖,
放在蛋糕體適當地方做裝飾。

06 熊愛泡澡造型蛋糕完成。

TIPS

如果要把熊黏在蛋糕上,就在底部稍微沾水。

3D立體喵星人
造型蛋糕

🕐 約 50 分鐘

🍽 3 人（5 吋）

🔥 每台烤箱溫度不同，根據實際
　　狀況做預熱動作

工具材料

① 5 吋戚風中
　空紙模
② 調理盆
③ 量匙
④ 電子秤
⑤ 溫度計
⑥ 厚底鍋
⑦ 分蛋器
⑧ 打蛋器
⑨ 手持攪拌器
⑩ 麵粉篩網
⑪ 小網篩
⑫ 一般刮刀
⑬ 耐熱刮刀
⑭ 烤箱
⑮ 烤盤
⑯ 烘焙布
⑰ 擠花袋
⑱ 軟毛刷

◆ 蛋糕體

　　蛋黃 ⋯⋯⋯⋯⋯ 5 顆
　　細砂糖（1）（麵糊用）
　　　　　　　　⋯⋯ 26g
　　液態油 ⋯⋯⋯⋯ 50g
Ⓐ　鮮奶 ⋯⋯⋯⋯⋯ 50g
　　低筋麵粉 ⋯⋯⋯ 60g
　　玉米粉 ⋯⋯⋯⋯ 17g
　　香草醬 ⋯⋯⋯⋯ 少許
　　蛋白 ⋯⋯⋯⋯⋯ 5 顆
Ⓑ　細砂糖（2）（打發
　　蛋白用）⋯⋯⋯⋯ 50g

◆ 喵星人造型棉花糖

　　水麥芽 ⋯⋯⋯⋯ 10g
　　濃縮蘋果汁 ⋯⋯ 20g
Ⓐ　蘭姆酒 ⋯⋯⋯⋯ 10g
　　砂糖 ⋯⋯⋯⋯⋯ 25g
　　吉利丁片 ⋯⋯⋯ 3 片
Ⓑ　蛋白 ⋯⋯⋯⋯⋯ 35g
　　細砂糖 ⋯⋯⋯⋯ 35g

色粉：● 竹炭粉／身體、
　　　　　耳朵
Ⓒ　　● 黑色（Black）／
　　　　　眼睛

　　白色和草莓巧克力 適量
　　日式太白粉 ⋯⋯⋯ 適量

◆ 棉被造型棉花糖

　　水麥芽 ⋯⋯⋯⋯ 10g
　　濃縮蘋果汁 ⋯⋯ 20g
Ⓐ　蘭姆酒 ⋯⋯⋯⋯ 10g
　　砂糖 ⋯⋯⋯⋯⋯ 25g
　　吉利丁片 ⋯⋯⋯ 3 片
Ⓑ　蛋白 ⋯⋯⋯⋯⋯ 35g
　　細砂糖 ⋯⋯⋯⋯ 35g

色膏：● 紅色（Red（no-
　　　　　taste））／棉被
Ⓒ　
　　日式太白粉 ⋯⋯⋯ 適量

步驟製作

PART ❶ 蛋糕體製作

Ⓐ 麵糊製作

01　蛋黃倒入調理盆中。

02　攪拌均勻。

03　加入細砂糖（1）。

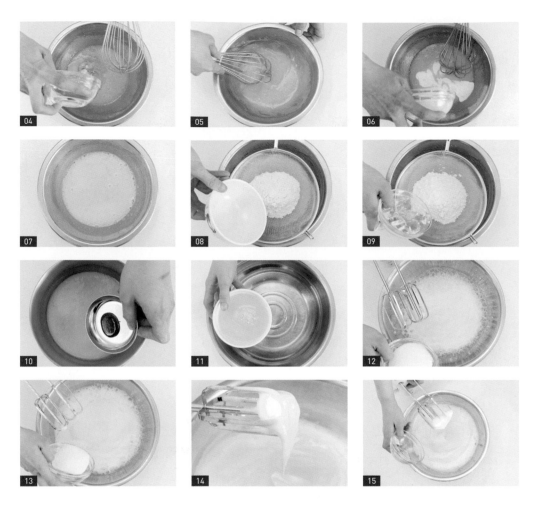

04　再倒下液態油。

05　攪拌均勻。

06　最後加入鮮奶。

07　攪拌均勻。

08　倒進過篩好的低筋麵粉。

09　再把過篩過的玉米粉倒入。

10　最後添加適量香草醬，攪拌均勻後，放置一邊備用。

B　蛋白霜製作

11　從冰箱將蛋白取出，倒入調理盆中。

12　把蛋白打發到出現大眼泡泡，加入⅓的細砂糖（2）（第1次）。

13　繼續打發到光滑細緻後，再加⅓的糖（第2次）。

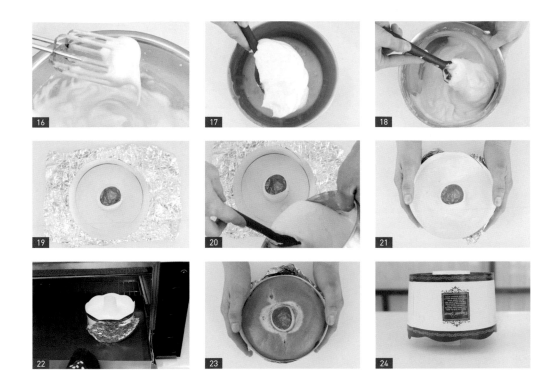

14 最後打到蛋白呈濕性打發。

15 倒進剩餘的糖（第3次）。

16 打到蛋白為乾性打發後，蛋白霜完成。

C 蛋糕體製作

17 把蛋白霜分一部份倒入麵糊中，用刮刀翻拌。

18 延續上一步，倒回剩餘的蛋白霜中，翻拌均勻。

19 紙模包上鋁箔紙。

20 把麵糊倒入模中，稍微搖晃使表面平整。

21 放入烤箱前，輕震紙模，讓空氣釋出。

22 家用烤箱溫度調整上火150℃／下火150℃，烤30分鐘，在第20分鐘時，烤盤調頭。（註：專業烤箱則是上火200℃／下火130℃。）

23 出爐後，再次輕震紙模，讓空氣釋出。

24 倒扣放涼後，撕開紙模幫蛋糕體脫模。

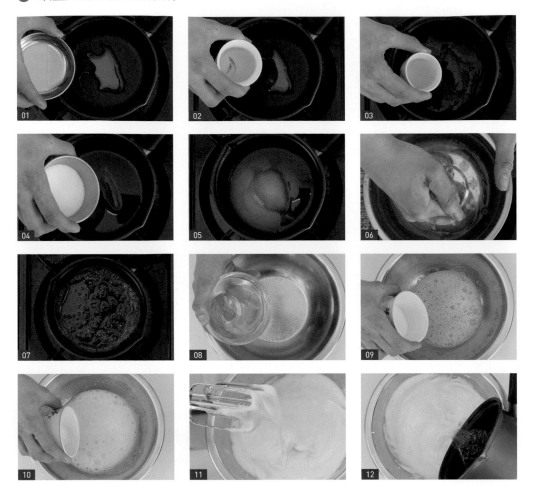

A 調味

01 手沾濕後，取出水麥芽放到鍋中。

02 加入濃縮蘋果汁。

03 再倒下蘭姆酒。

04 最後放入砂糖，開火。

05 煮到糖溶解。

06 將吉利丁片擰乾後，放入鍋中。

07 延續上一步，將吉利丁片加熱融化，融化完放爐上備用。

B 蛋白霜製作

08 從冰箱將蛋白取出，倒入調理盆中。

09 蛋白打發到出現大眼泡泡後，加入 ½ 的細砂糖。

10 繼續打發到蛋白呈現光滑細緻後，倒入剩餘的細砂糖。

11 最後打到蛋白為濕性打發後，暫停打發。

C 棉花糖製作

12 調味 A 倒進蛋白霜 B 中，隔熱水打發。

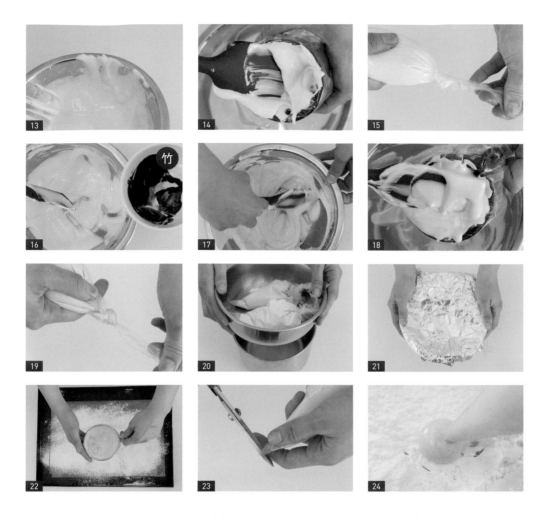

13 持續打到蛋白呈現不滴落的狀態，最後盆內蛋白能沿盆壁流下後，流痕緩緩消失便停止打發，棉花糖完成。

14 棉花糖分成兩份，原色和竹炭粉各一份。先把原色棉花糖，裝入擠花袋中。

15 綁緊。

16 竹炭粉加水拌勻，倒進剩餘的蛋白糊中。

17 攪拌均勻。

18 裝入擠花袋。

19 綁緊。

20 一共兩種顏色。擠花袋隔熱水保溫。（註：避免棉花糖乾掉。）

21 蓋上鋁箔紙。（註：加強保溫效果。）

D 造型製作

22 烤盤鋪上烘焙布或是烘焙墊，並灑上日式太白粉。（註：避免棉花糖沾黏。）

23 竹炭灰色和原色棉花糖，都剪開小洞。

24 手垂直握擠花袋，擠出 2D 造型的頭。

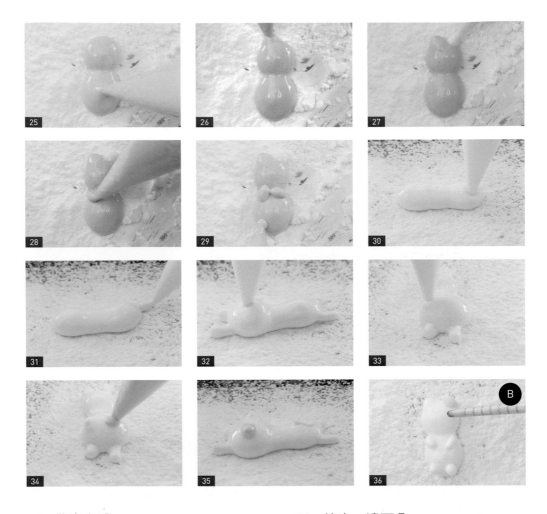

25　擠出身體。

26　擠出一邊耳朵。

27　換顏色，擠出另一邊耳朵。

28　乾掉後，擠出手。

29　擠出腳。

30　擠 3D 造型的身體。

31　擠出手腳。

32　略乾後，擠出頭。

33　擠出一邊耳朵。

34　換顏色，擠出另一邊耳朵。

35　乾掉後，擠出尾巴。

36　用竹筷或牙籤，沾上黑色色膏，
　　點眼睛。

37　把隔水加熱融化的白巧克力，裝
　　入擠花袋剪開小洞，先點圓點 A
　　在貓臉上。

38　再點圓點 B 在 A 旁邊，做鼻子。

39　最後將隔水加熱融化的草莓巧克力，裝入擠花袋剪開小洞，擠在兩點中間，做鼻尖。（註：隔水避免直火燒焦。）

TIPS

① 棉花糖也可放在 45°C 的烤箱中保溫。

② 擠出棉花糖時有氣泡，可用牙籤挑破。

③ 黑色色膏也可以改成竹炭粉加水調勻。

PART ❸ **棉被造型棉花糖製作**

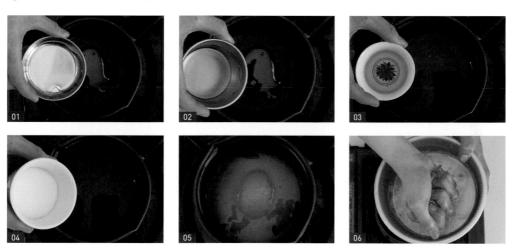

A 調味

01　手沾濕後，取出水麥芽放到鍋中。

02　加入濃縮蘋果汁。

03　再倒進蘭姆酒。

04　最後放入砂糖，開火。

05　煮到糖溶解。

06　將吉利丁片擰乾後，放入鍋中。

07 延續上一步，將吉利丁片加熱融化，融化完放爐上備用。

B 蛋白霜製作

08 從冰箱將蛋白取出，倒入調理盆中。

09 蛋白打發到出現大眼泡泡後，加入 ½ 的細砂糖。

10 繼續打發到蛋白呈現光滑細緻後，倒入剩餘的細砂糖。

11 最後打到蛋白為濕性打發後，暫停打發。

C 棉花糖製作

12 調味 A 倒進蛋白霜 B 中。

13 隔熱水打發。

14 持續打到蛋白呈現不滴落的狀態，最後盆內蛋白能沿盆壁流下後，流痕緩緩消失便停止打發，棉花糖完成。

15 棉花糖分成兩份，原色和紅色各一份。先把原色棉花糖裝入擠花袋。

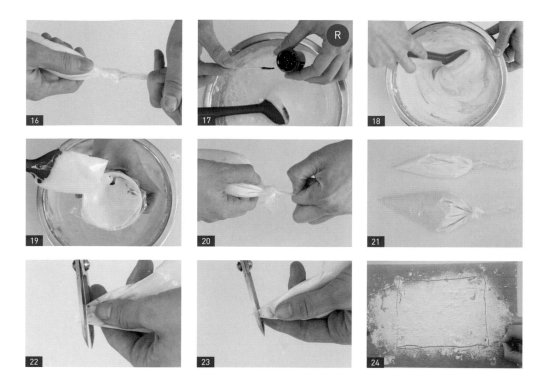

16 綁緊。

17 剩餘的棉花糖加入紅色色膏。

18 攪拌均勻。

19 裝入擠花袋。

20 綁緊。

21 一共有兩色的棉花糖。

22 紅色棉花糖，剪開大洞。

23 原色棉花糖則剪開小洞。

D 造型製作

24 烤盤鋪上烘焙布或烘焙墊，灑好日式太白粉後，做出約 17cm X 17cm 的方框記號。（註：灑日式太白粉防止棉花糖沾黏。）

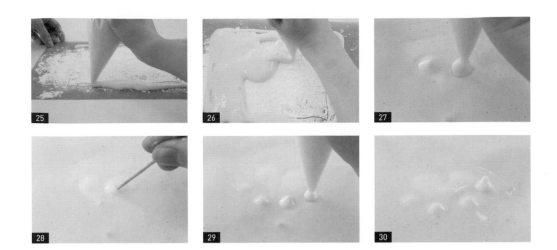

25 垂直握著紅色棉花糖,先繞著記 號擠一圈。

26 再把方框擠滿。

27 未乾前,用原色棉花糖擠愛心肉 球的兩個圓點。

28 用牙籤勾劃,把圓點連成愛心。

29 再擠出四個指頭的圓點。

30 適當製作貓掌裝飾,棉被製作完 成。

PART ④ 組合

01 把放乾的棉被棉花糖鋪到蛋糕體上。

02 調整棉被角度。

03 再將做好的喵星人棉花糖,放在棉被上。(註:如果要把喵星人黏在棉被上,就 在底部稍微沾水。)

小豬玩泥巴
造型蛋糕

小豬玩泥巴造型蛋糕

🕐 約 50 分鐘

🍰 3 人（5 吋）

🔥 每台烤箱溫度不同，根據實際狀況做預熱動作

工具材料
INSTRUMENTS & INGREDIENTS

①5 吋戚風中空紙模
②調理盆
③量匙
④電子秤
⑤溫度計
⑥厚底鍋
⑦分蛋器
⑧打蛋器
⑨手持攪拌器
⑩麵粉篩網
⑪小網篩
⑫一般刮刀
⑬耐熱刮刀
⑭烤箱
⑮烤盤
⑯烘焙布
⑰擠花袋
⑱軟毛刷

◆ **蛋糕體**

	蛋黃	5 顆
	細砂糖（1）（麵糊用）	26g
	液態油	50g
Ⓐ	鮮奶	50g
	低筋麵粉	60g
	玉米粉	17g
	可可粉	12g
	飲用水	36g
	蛋白	5 顆
Ⓑ	細砂糖（2）（打發蛋白用）	50g

◆ **小豬造型棉花糖**

	濃縮蔓越莓汁	20g
	水麥芽	10g
Ⓐ	細砂糖（1）（與果汁調和）	25g
	覆盆子酒	10g
	吉利丁片	3 片
	蛋白	35g
Ⓑ	細砂糖（2）（蛋白打發用）	35g

色膏：

Ⓒ ● 紅色（Red（no-taste））
 + ● 褐色（Copper）／身體
 ● 黑色（Black）／眼睛

日式太白粉 　　　　　　　適量

◆ **裝飾棉花糖**

	水麥芽	10g
	濃縮水蜜桃汁	20g
Ⓐ	蘭姆酒	10g
	細砂糖（1）（與果汁調和）	25g
	吉利丁片	3 片
	蛋白	35g
Ⓑ	細砂糖（2）（蛋白打發用）	35g

色膏：

Ⓒ ● 紅色（Red（no-taste））
 ／裝飾棉花糖

◆ **甘乃許內餡**

黑巧克力 　　　　　　　100g
動物性鮮奶油 　　　　　50g

◆ **巧克力花瓣**

白色和草莓巧克力 　　適量

PART **1** 蛋糕體製作

A 麵糊製作

01 蛋黃倒入調理盆中，攪拌均勻。

02 加入細砂糖（1）。

03 攪拌均勻。

04 再倒下液態油。

05 攪拌均勻。

06 最後加入鮮奶。

07 攪拌均勻。

08 延續上一步，倒進過篩好的低筋麵粉與玉米粉。

09 攪拌均勻。

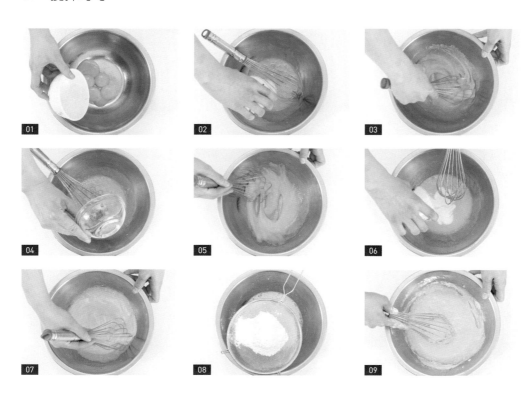

10 可可粉加水拌勻成糊。

11 加入步驟 9 中。

12 攪拌均勻後，放置一邊備用。

B 蛋白霜製作

13 從冰箱將蛋白取出，倒入調理盆中。

14 把蛋白打發到出現大眼泡泡，加入 ⅓ 的細砂糖（2）（第 1 次）。

15 繼續打發到光滑細緻後，再加 ⅓ 的糖（第 2 次）。

16 最後打到蛋白呈濕性打發，倒進剩餘的糖（第 3 次）。

17 打到蛋白為乾性打發後，蛋白霜完成。

C 蛋糕體製作

18 把蛋白霜分一部份倒入麵糊中，用刮刀翻拌。

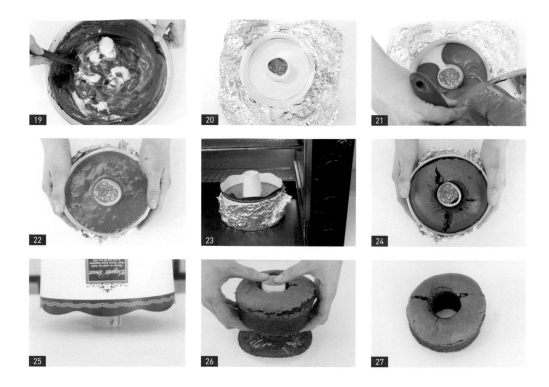

19　延續上一步，倒回剩餘的蛋白霜中，翻拌均勻。

20　紙模包上鋁箔紙。

21　把麵糊倒入模中，稍微搖晃使表面平整。

22　放入烤箱前，輕震紙模，讓空氣釋出。

23　家用烤箱溫度上火 150°C／下火 150°C，烤 30 分鐘，在第 20 分鐘時，烤盤
　　調頭。（註：專業烤箱則是上火 200°C／下火 130°C。）

24　出爐後，再次輕震紙模，讓空氣釋出。

25　倒扣放涼。

26　幫蛋糕體脫模。

27　蛋糕體製作完成。

TIPS

　　鮮奶可用濃縮牛乳替代，乳值數更高，蛋糕體口感更綿密。

A 調味

01　將濃縮蔓越莓汁倒進鍋中。

02　手沾濕後，取出水麥芽放入鍋中。

03　再加入細砂糖（1）。

04　最後倒進覆盆子酒，開火。

05　煮到糖溶解。

06　將吉利丁片擰乾後，放入鍋中。

07　延續上一步，將吉利丁片加熱融化，融化完放爐上備用。

B 蛋白霜製作

08　從冰箱將蛋白取出，倒入調理盆中。

09　蛋白打發到出現大眼泡泡後，加入 ½ 的細砂糖（2）。

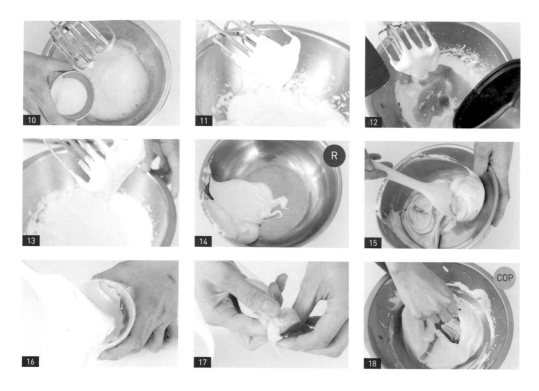

10　繼續打發到蛋白呈現光滑細緻後，倒入剩餘的細砂糖（2）。

11　最後打到蛋白為濕性打發後，暫停打發。

C　棉花糖製作

12　調味 A 倒進蛋白霜 B 中，隔熱水打發。

13　持續打到蛋白呈現不滴落的狀態，最後盆內蛋白能沿盆壁流下後，流痕緩緩消失便停止打發，棉花糖完成。

14　取出些許棉花糖，加入紅色色膏。

15　攪拌均勻。

16　用刮刀放入擠花袋中。

17　綁緊，需要兩份。

18　再把剩餘棉花糖，加入褐色色膏。

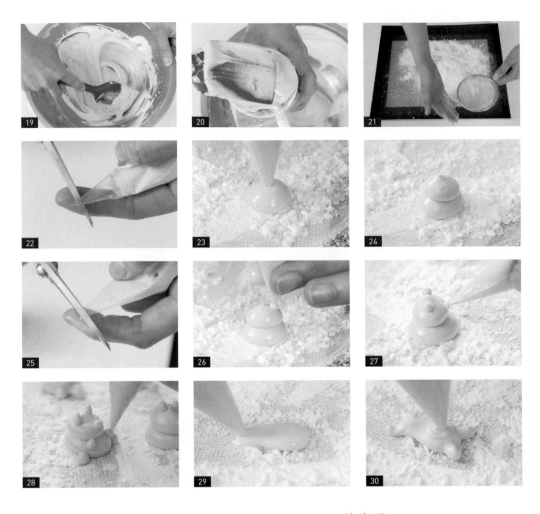

19 攪拌均勻。

20 裝入擠花袋中綁緊，需要兩份。

D 造型製作

21 烤盤上鋪烘焙布或烘焙墊，撒上日式
太白粉。（註：避免棉花糖沾黏。）

22 拿一個褐色擠花袋剪大洞。

23 手垂直握擠花袋，擠出小豬造型（A）
的身體。

24 擠出頭。

25 把另一個褐色擠花袋剪小洞。

26 擠耳朵。

27 擠鼻子。

28 擠手腳。

29 換小豬造型（B），用大洞的
棉花糖擠身體和手腳。

30 擠出頭。

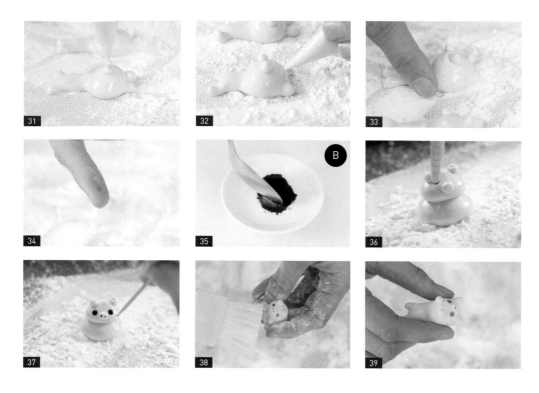

31 用小洞的棉花糖擠耳朵。

32 擠鼻子。

33 放乾。

34 直到棉花糖不沾手的程度。

35 調配黑色色膏，做五官。

36 用牙籤或竹筷，沾黑色色膏點眼睛。

37 用牙籤，沾黑色色膏點鼻孔。紅色的小豬作法，同步驟 22 ～ 37。

38 全乾後，用軟毛刷刷去殘留太白粉。

39 小豬棉花糖製作完成。

TIPS

① 棉花糖也可放在 45℃ 的烤箱中保溫。

② 擠出棉花糖時有氣泡，可用牙籤挑破。

③ 黑色色膏也可以改成竹炭粉加水調勻。

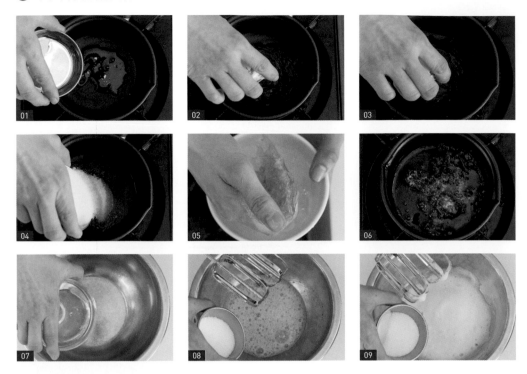

A 調味

01 手沾濕後，取出水麥芽放到鍋中。

02 加入濃縮水蜜桃汁。

03 再倒進蘭姆酒。

04 最後放入細砂糖（1），開火煮到糖溶解。

05 將吉利丁片擰乾後，放入鍋中。

06 延續上一步，將吉利丁片加熱融化，融化完放爐上備用。

B 蛋白霜製作

07 從冰箱將蛋白取出，倒入調理盆中。

08 蛋白打發到出現大眼泡泡後，加入 ½ 的細砂糖（2）。

09 繼續打發到蛋白呈現光滑細緻後，倒入剩餘的細砂糖（2）。

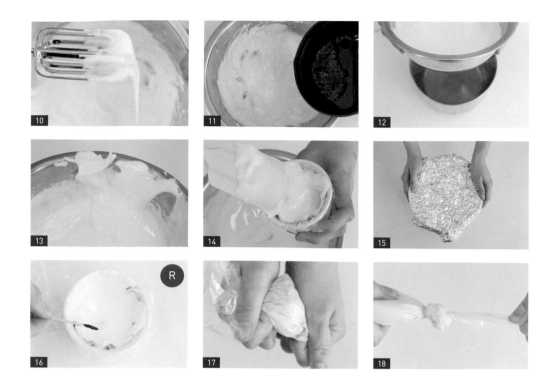

10　最後打到蛋白為濕性打發後，暫停打發。

C　棉花糖製作

11　調味 A 倒進蛋白霜 B 中。

12　隔熱水打發。

13　持續打到蛋白呈現不滴落的狀態，最後盆內蛋白能沿盆壁流下後，流痕緩緩消失便停止打發，棉花糖完成。

14　取出部分棉花糖用刮刀放入擠花袋中。

15　剩餘棉花糖，隔熱水保溫，蓋上鋁箔紙。（註：避免棉花糖乾掉。）

16　加入紅色色膏到擠花袋中。

17　搓揉染色。

18　綁緊。

PART **3** 甘乃許內餡製作

01　將動物性鮮奶油倒進調理盆中。

02　加熱融化,溫度不超過 55℃。

03　把動物性鮮奶油沖入黑巧克力中。

04　持續攪拌到黑巧克力微融。

05　再把黑巧克力隔水加熱融化。
　　（註：隔水避免直火燒焦。）

06　成品呈現流動狀。

TIPS

如果巧克力溶解後太稠,可添加動物性鮮奶油,增加滑順感。

PART **5** 組合

01　將擠花袋中的棉花糖,繞著蛋糕體周圍淋上。

02　淋滿表面。

03　把甘乃許裝入擠花袋中剪開大洞,對準蛋糕體中空處擠。

04　擠滿。

05　放上做好的小豬棉花糖在蛋糕體適當處。

06　隔水加熱融化的草莓巧克力與白巧克力,裝入擠花袋中剪小洞,做花瓣及蛋糕體裝飾。（註:隔水避免直火燒焦。）

柴犬造型棉花糖
與馬卡龍夾餡牛軋糖

柴犬造型棉花糖
與馬卡龍夾餡牛軋糖

🕐 約 90 分鐘

🍰 20 個

🔥 每台烤箱溫度不同，根據實際狀況做預熱動作

工具材料
INSTRUMENTS & INGREDIENTS

① 量匙
② 調理盆
③ 電子秤
④ 溫度計
⑤ 分蛋器
⑥ 打蛋器
⑦ 手持攪拌器
⑧ 麵粉篩網
⑨ 小網篩（粗孔）
⑩ 一般刮刀
⑪ 耐熱刮刀
⑫ 刮板
⑬ 烤箱
⑭ 烤盤
⑮ 烘焙布
⑯ 小網篩
⑰ 厚底鍋
⑱ 擠花袋
⑲ 烘焙墊

◆ 柴犬造型棉花糖

Ⓐ	水麥芽	10g
	濃縮柳橙汁	20 g
	細砂糖（1）（與果汁調合）	25g
	橙酒	10g
	吉利丁片	3 片
	蛋白	35g
Ⓑ	細砂糖（2）（蛋白霜用）	35g

色膏：
Ⓒ
🔵 褐色（Copper）／身體
⚫ 黑色（Black）／眼睛

日式太白粉 .... 適量

◆ 骨頭馬卡龍

Ⓐ	杏仁粉	138g
	純糖粉	150g
	蛋白（1）（麵糊用）	55g
Ⓑ	低筋麵粉	8g
	抹茶粉	5g

Ⓒ	砂糖（1）（糖水製作）	157g
	飲用水	45g
	蛋白（2）（馬卡龍製作）	64g
	砂糖（2）（馬卡龍製作）	20g

◆ 牛軋糖

水麥芽	366g
細砂糖（1）（糖漿製作用）	90g
鹽	2g
蛋白	33g
細砂糖（2）（混合蛋白用）	57g
奶油	60g
奶粉	60g
杏仁	100g
碎馬卡龍	60g

PART **1** 柴犬造型棉花糖製作

A 調味

01　手沾濕後，取出水麥芽放到鍋中。

02　倒入濃縮柳橙汁。

03　再加入細砂糖（1）。

04　最後倒進橙酒，開火。

05　煮到糖溶解。

06　將吉利丁片擰乾後，放入鍋中。

07　延續上一步，將吉利丁片加熱融化，融化完放爐上備用。

B 蛋白霜製作

08　從冰箱將蛋白取出，倒入調理盆中。

09　蛋白打發到出現大眼泡泡後，加入 ½ 的細砂糖（2）。

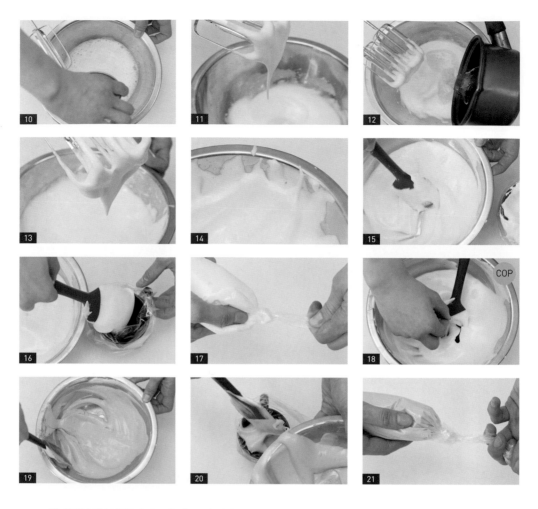

10　繼續打發到蛋白呈現光滑細緻
　　後，倒入剩餘的細砂糖（2）。

11　最後打到蛋白為濕性打發後，
　　暫停打發。

C 棉花糖製作

12　調味 A 倒進蛋白霜 B 中，隔熱
　　水打發。

13　持續打到蛋白呈現不滴落的狀
　　態。

14　最後盆內蛋白能沿盆壁流下後，
　　流痕緩緩消失便停止打發，棉
　　花糖完成。

15　棉花糖分成兩份，一份原色，一份
　　褐色。

16　原色棉花糖裝入擠花袋中。

17　綁緊。

18　另一份棉花糖，加入褐色色膏。

19　攪拌均勻。

20　裝入擠花袋中。

21　綁緊。

22　褐色棉花糖一共有兩包，一個做頭
　　（A），一個做耳朵（B）。

23　擠花袋隔熱水保溫。（註：避免棉花
　　糖乾掉。）

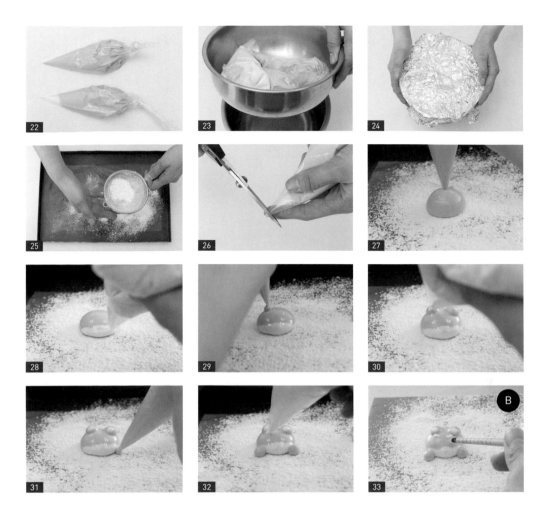

24 蓋上鋁箔紙。（註：加強保溫效果。）

Ⅾ 造型製作

25 烤盤鋪上烘焙布或是烘焙墊，並灑上日式太白粉。（註：避免棉花糖沾黏。）

26 把褐色棉花糖（A）剪開大洞。

27 手垂直握擠花袋，擠出頭。

28 原色棉花糖剪開小洞擠出臉。

29 身體稍乾後，將褐色棉花糖（B）剪開小洞，擠耳朵。

30 耳朵未乾前，用原色棉花糖擠出內耳。

31 用褐色棉花糖（A），擠出手。

32 原色棉花糖擠出眉毛。

33 全乾後，用竹筷或牙籤沾黑色色膏，點眼睛和鼻子。

TIPS

① 棉花糖也可放在 45°C 的烤箱中保溫。

② 擠出棉花糖時有氣泡，可用牙籤挑破。

③ 黑色色膏也可以改成竹炭粉加水調勻。

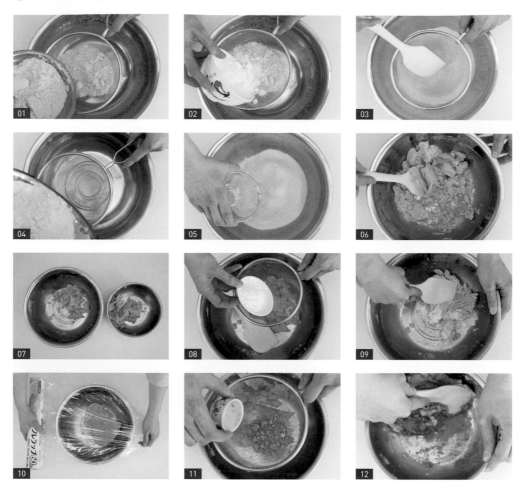

A 前置

01　杏仁粉倒入網篩中。

02　再加入純糖粉。

03　第 1 次過篩。

04　第 2 次過篩。

B 調味

05　從冰箱取出蛋白，退冰至常溫。
　　把蛋白（1）倒進前置A中。

06　拌勻。

07　分成兩份，原味和抹茶各一份。

08　原味就篩入低筋麵粉。

09　拌勻成團。

10　未使用先用保鮮膜包好。

11　抹茶口味則加入抹茶粉，過篩使用。

12　拌勻成團，用保鮮膜包好，放置一
　　邊備用。

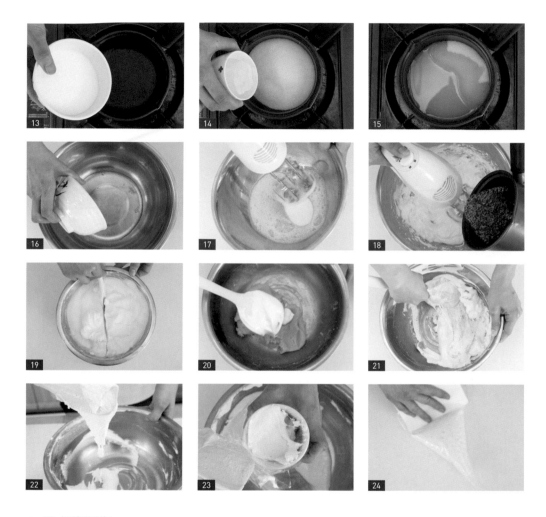

C 馬卡龍製作

13　把砂糖（1）倒入鍋中。

14　再加水。

15　煮到 100-105℃。

16　將蛋白（2）倒入容器中。

17　加入砂糖（2），打發至八分發，
　　呈現小彎鉤。

18　步驟 15 熬煮到 116-120℃ 時，沖
　　入步驟 17 中。

19　延續上一步，等降溫到 40℃ 約
　　常溫溫度，分成兩份，原味和抹
　　茶各一份。

20　把原味部份倒進步驟 10 中。

21　壓拌均勻。

22　拌勻後呈現流動狀，滴下的麵團
　　可做出折疊，滴完後剩餘麵團成
　　倒三角形，便完成。

23　裝入擠花袋中。

24　用刮板壓平。

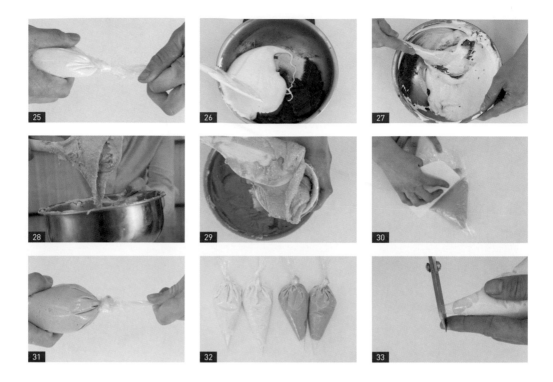

25 綁緊。

26 再把步驟 19 抹茶部分倒進步驟 12 中。

27 壓拌均勻。

28 拌勻後呈現流動狀，滴下的麵團可做出折疊，滴完後剩餘麵團成倒三角形，
     便完成。

29 裝入擠花袋中。

30 用刮板壓平。

31 綁緊。

32 一共兩種口味馬卡龍，各裝兩個擠花袋。

33 把原味馬卡龍剪開小洞。

D 造型製作

34 烤盤鋪上烘焙墊，先擠出骨頭主幹。

35 再擠出骨頭球骨。

36　放入烤箱上層，溫度上火 60°C／下火 0°C。

37　用手觸碰馬卡龍表面

38　馬卡龍表面不沾手，就可以進行後續的正式烤製。

39　放一個烤盤到烤箱下火處，蓋住底火。

40　烤箱溫度上火 150°C／下火 150°C，放一個底盤蓋住底火，烤 5 分鐘。再調整溫度為上火 140°C／下火 150°C，烤 5 分鐘。

41　烤盤調頭，取出底盤，溫度調整成上火 110°C／下火 150°C，再烤約 20 分鐘，直到能完整取出的狀態。

42　出爐。抹茶口味的製作，同步驟 33 ～ 42。

TIPS

① 純糖粉不能用一般糖粉替代，容易讓馬卡龍製作失敗。

② 馬卡龍用的杏仁粉要先平鋪於白報紙上吸油，約 30 分鐘。

③ 因為杏仁粉過篩會出油，所以要用洞較大的篩網。

④ 用專業烤箱烤馬卡龍，方法是上火 150°C／下火 130°C 放下層，用兩個底盤蓋住底火。烤 6 分鐘後，溫度調整成上火 150°C／下火 125°C，再烤 4 分鐘。接著調上火 150°C／下火 120°C，烤 9 分鐘後，悶 10 分鐘，直到不沾黏再取出。

PART **3** 牛軋糖製作

牛軋糖製作請掃描 QR code 觀看影片。

PART **4** 組合

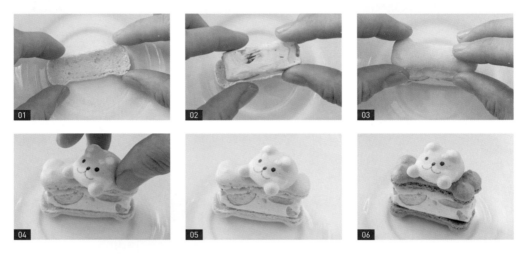

01 把一片骨頭馬卡龍放在底下。

02 疊上牛軋糖。

03 再放上一片骨頭馬卡龍，做成三明治。

04 將柴犬棉花糖放在頂端。（註：如果要固定柴犬，可用白巧克力黏著。）

05 柴犬棉花糖與馬卡龍夾餡牛軋糖完成。

06 抹茶口味作法同步驟 1 ～ 4。

戚風慕斯蛋糕

戚風慕斯蛋糕

🕐 約 50 分鐘

🍰 4 人（6 吋大小）

🔔 每台烤箱溫度不同，根據實際狀況做預熱動作

工具材料
INSTRUMENTS & INGREDIENTS

① 6 吋慕斯框
② 調理盆
③ 量匙
④ 電子秤
⑤ 溫度計
⑥ 均質機
⑦ 分蛋器
⑧ 打蛋器
⑨ 手持攪拌器
⑩ 麵粉篩網
⑪ 小網篩
⑫ 一般刮刀
⑬ 耐熱刮刀
⑭ 烤箱
⑮ 烤盤
⑯ 烘焙布
⑰ 擠花袋
⑱ 抹面刀
⑲ 厚底鍋
⑳ 白報紙

◆ 蛋糕體

	液態油	70g
	濃縮蔓越莓汁	80g
	低筋麵粉	50g
	玉米粉	10g
Ⓐ	蛋黃	4 顆
	全蛋（常溫）	2 顆
	紅麴粉	5g
	飲用水	15g
	蛋白	4 顆
Ⓑ	細砂糖	80g
	濃縮檸檬汁	5c.c

◆ 蔓越莓慕斯內餡

動物性鮮奶油（1）	100g
白巧克力	60g
蔓越莓果醬	25g
馬斯卡彭乳酪	30g
橙酒	2g
動物性鮮奶油（2）	150g

◆ 裝飾棉花糖

	水麥芽	10g
	濃縮蔓越莓汁	20g
Ⓐ	細砂糖（1）（與果汁調合）	25g
	覆盆子酒	10g
	吉利丁片	3 片
	蛋白	35g
Ⓑ	細砂糖（2）（蛋白霜用）	35g
Ⓒ	色膏： ● 紅色（Red（no-taste））／裝飾棉花糖	

◆ 香緹奶油

動物性鮮奶油	300g
細砂糖	10g

◆ 裝飾

白色和草莓巧克力	適量
蔓越莓	一串
葡萄	數顆

步驟製作

STEP BY STEP

PART **1** 蛋糕體製作

A 麵糊製作

01 液態油倒入鍋中。

02 加入濃縮蔓越莓汁，開火隔水煮滾。

03 把低筋麵粉與玉米粉一同過篩，一邊備用。

04 蛋黃倒入調理盆中。

05 攪拌均勻。

06 加入全蛋。

07 攪拌均勻。

08 煮到 65°C，步驟 2 關火，隔水保溫。

09 延續上一步，倒入步驟 3 中。

10 攪拌均勻。

11 把一部分蛋液加到步驟 10 中。

12 攪拌均勻。

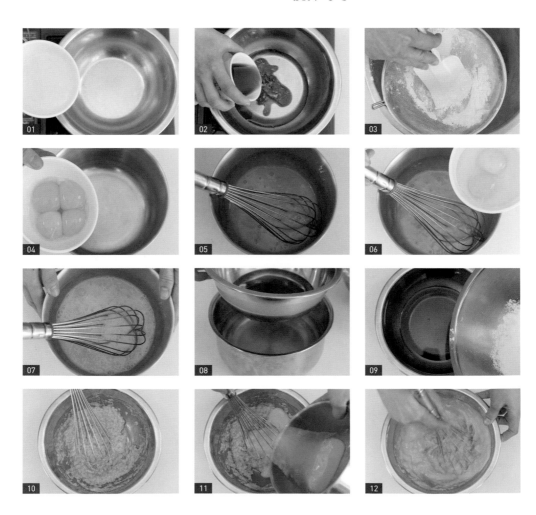

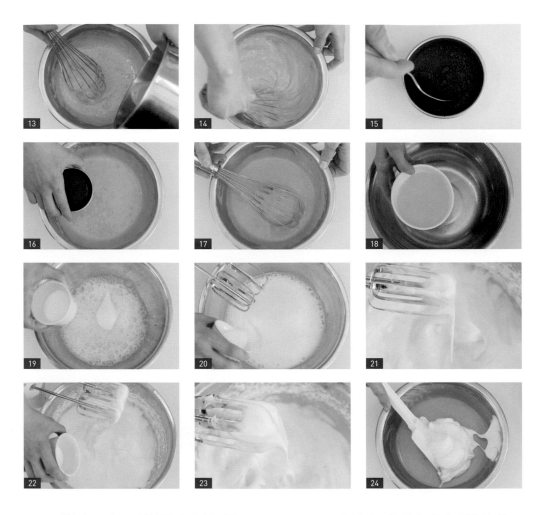

13　延續上一步，剩餘蛋液全部倒入。

14　攪拌均勻。

15　紅麴粉加水拌勻，成糊狀。

16　再倒進步驟 14 中。

17　攪拌均勻後，放置一邊備用。

B　蛋白霜製作

18　從冰箱將蛋白取出，倒入調理盆中。

19　蛋白打發到出現大眼泡泡後，加入 ⅓ 的細砂糖（第 1 次）。

20　繼續打發到光滑細緻後，再加 ⅓ 的糖（第 2 次）。

21　最後打到蛋白呈濕性打發。

22　倒進剩餘的糖（第 3 次）。

23　打到蛋白為乾性打發後，蛋白霜完成。

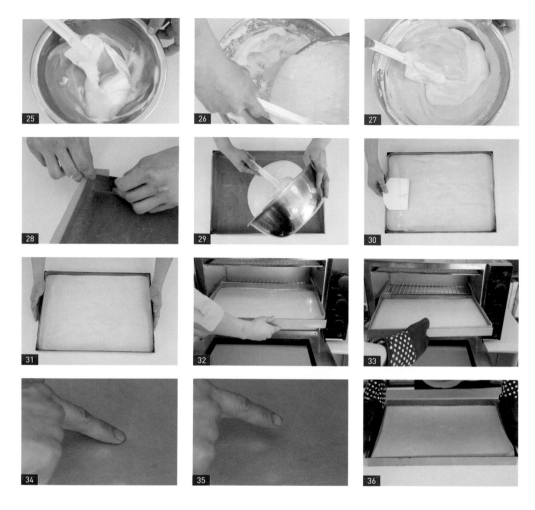

C 蛋糕體製作

24　把蛋白霜分一部份倒入麵糊中。

25　用刮刀翻拌。

26　延續上一步，倒回剩餘的蛋白霜中。

27　翻拌均勻。

28　烤盤鋪上烘焙布。

29　倒入麵糊。

30　用刮板把麵糊均勻分散在烤盤內。

31　輕震烤盤，讓空氣釋出。

32　家用烤箱溫度為上火 150℃／下火 150℃，烤 20 分鐘。（註：專業烤箱則是上火 200℃／下火 130℃。）

33　第 10 分鐘把烤盤調頭。

34　手指輕按麵糊。

35　若指印慢慢彈回，即可準備出爐。

36　輕震烤盤，讓空氣釋出。

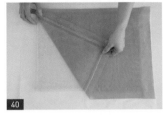  

37　將蛋糕體連同烘焙布一起移出烤盤。

38　用白報紙覆蓋在蛋糕體表面。

39　翻面。

40　稍微掀開四邊,再蓋回來。

41　放置冷卻。

42　蛋糕體完成。

PART **3** 蔓越莓慕斯內餡製作

  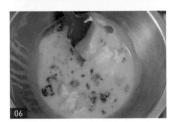

01　將動物性鮮奶油(1)加熱,溫度
　　不超過 60℃。

02　延續上一步,沖進白巧克力中,
　　攪拌到巧克力融化。

03　加入蔓越莓果醬。

04　攪拌均勻。

05　再放入馬斯卡彭乳酪。(註:馬斯
　　卡彭乳酪先放在常溫軟化。)

06　攪拌均勻。

07　倒進橙酒，攪拌均勻。

08　用均質機再次攪拌均勻。

09　最後加入動物性鮮奶油（2）。

10　用均質機攪拌均勻。

11　完成後放入冷藏。

12　隔天將慕斯打發使用。

13　裝入擠花袋。

14　綁緊。

15　擠花袋剪開適當大小的洞使用。

TIPS

　　慕斯要冷藏放置到隔天稍凝固才使用。如急要可稍冷凍才用，此慕斯不加吉利丁（蛋奶素可食）。

A 調味

01　手沾濕後，取出水麥芽放到鍋中。

02　倒入濃縮蔓越莓汁。

03　再加入細砂糖（1）。

04　最後倒進覆盆子酒，開火。

05　煮到糖溶解。

06　將吉利丁片擰乾後，放入鍋中。

07　延續上一步，將吉利丁片加熱融化，融化完放爐上備用。

B 蛋白霜製作

08　從冰箱將蛋白取出，倒入調理盆中。

09　蛋白打發到出現大眼泡泡後，加入 ½ 的細砂糖（2）。

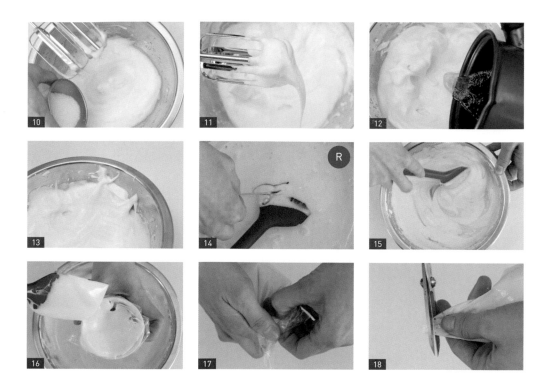

10 繼續打發到蛋白呈現光滑細緻後，倒入剩餘的細砂糖（2）。

11 最後打到蛋白為濕性打發後，暫停打發。

C 棉花糖製作

12 調味 A 倒進蛋白霜 B 中，隔熱水打發。

13 持續打到蛋白呈現不滴落的狀態，最後盆內蛋白能沿盆壁流下後，流痕緩緩消失便停止打發，棉花糖完成。

14 加入紅色色膏。

15 攪拌均勻。

16 裝入擠花袋中。

17 綁緊。

18 紅色棉花糖剪開大洞使用。

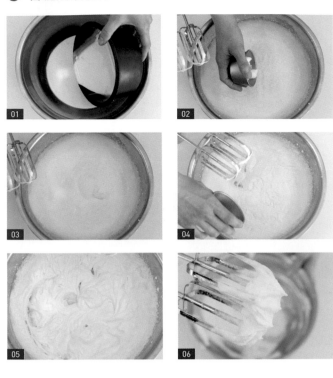

01 從冰箱取出動物性鮮奶油,倒進調理盆。

02 鮮奶油攪打到半凝固後,加入½ 的細砂糖(第1次)。

03 攪打到濕性打發的程度。

04 倒進剩餘的細砂糖(第2次)。

05 持續攪拌,直到鮮奶油乾性打發,香緹奶油餡完成。

06 放入冰箱冷藏,使用時再取出打發到乾性打發。

PART ⑤ 組合

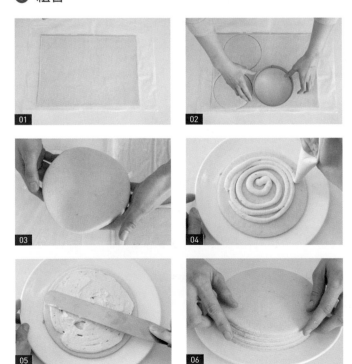

01 冷卻後的蛋糕體,選擇平整面掀開烘焙布。

02 用慕斯框壓出至少 3 層的慕斯蛋糕體。

03 取下每層蛋糕體。

04 在一層蛋糕體上擠滿慕斯內餡。

05 用抹面刀抹平。

06 放上第二層蛋糕體,重複步驟 4～5,直到最後一層。

07 把香緹奶油擠在蛋糕體表面和側邊。

08 先用抹面刀抹勻表面。

09 再抹勻側邊。

10 將紅色棉花糖不規則淋在蛋糕中間。

11 剩餘的香緹奶油，在棉花糖上擠花。

12 在蛋糕體適當的地方放上乾燥花。

13 隔水融化的草莓巧克力與白巧克力，裝入擠花袋中，剪小洞，先用草莓巧克力擠花瓣。（註：隔水避免直火燒焦。）

14 用牙籤將花瓣連結。

15 再用白巧克力擠花蕊。

16 在蛋糕體適當處放上蔓越莓。

17 用筷子夾葡萄放上。

18 最後撒上乾燥花。

附錄

Questions & Anwsers

問與答

全蛋、蛋黃、蛋白的使用差異？

使用蛋白做出的蛋糕較為膨鬆；使用蛋黃做出的蛋糕香氣濃郁；使用全蛋做出的蛋糕體比較扎實。

蛋糕表皮上色的處理方法

表皮上色，可以用微濕的衛生紙輕覆蓋在蛋糕上面，輕壓上色的部分。再將衛生紙取下，上色的表皮就會黏著在衛生紙上。

燙麵法與一般手法蛋糕的差別

燙麵法與一般手法製作的戚風蛋糕，差別在：燙麵法的麵糊經過加熱燙麵的過程，降低麵粉筋性，較為綿密；一般手法製作的戚風蛋糕則是較膨鬆。

翻拌、切拌、壓拌法使用的場合？

翻拌法是用在蛋白與蛋黃麵糊拌勻時。

切拌法是處理非蛋白拌勻的麵團如餅乾類甜點。

壓拌法則是處理馬卡龍麵糊與蛋白霜拌勻時。

杏仁角為什麼要烘乾才使用？

　　杏仁角未烘烤前是生的，用水沖洗會讓水分侵入杏仁角，造成烘烤時間拉長及水分殘留。直接烤熟再使用，就可以達到殺菌的效果。

馬卡龍的蛋白為什麼要常溫才使用？

　　製作馬卡龍的蛋白需要常溫使用，是為了避免在拌勻麵糊時影響溫度，導致馬卡龍製作失敗。

為什麼馬卡龍要用純糖粉，不能使用一般糖粉？

　　一般的糖粉含玉米澱粉，並非純糖粉。製作馬卡龍時容易失敗。

　　此外，不同糖類製作的過程、成分、糖度不盡相同，要盡量避免替代使用。

牛軋糖製作需要注意的事情有哪些？

　　要加入牛軋糖裡的食材要保溫，避免放入牛軋糖時降溫變硬。

　　煮糖漿時的溫度會影響糖的軟硬度，要特別留意。

　　牛軋糖切好後，須密封包裝，避免接觸空氣造成牛軋糖軟化。

像馬斯卡彭乳酪這類材料，一般賣場如果買不到，有沒有替換的材料呢？

　　像馬斯卡彭乳酪，它並非是不好取得的食材，可以去一般烘焙材料行採買。

　　如果要替換使用，可以用一般的奶油乳酪，但是味道會有些差異。

Ingredients List
材料總表

藍莓奶凍 P.32

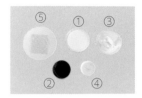

① 動物性鮮奶油 100g
② 藍莓果醬 100g
③ 馬斯卡彭乳酪 120g
④ 濃縮檸檬汁 10g
⑤ 吉利丁片 2 片

香緹奶油餡 P.36

① 動物性鮮奶油 300g
② 細砂糖 10g

甘乃許淋醬 P.37

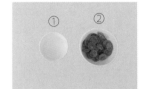

① 動物性鮮奶油 50g
② 黑巧克力 100g

藍莓果醬 P.38

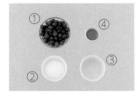

① 藍莓 250g
② 細砂糖 80g
③ 濃縮檸檬汁 20g
④ 蘭姆酒 10g

柳橙果醬 P.40

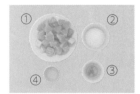

① 柳橙果肉 300g
② 細砂糖 80g
③ 濃縮檸檬汁 20g
④ 橙酒 10g

草莓果醬 P.42

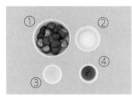

① 草莓 210g
② 細砂糖 70g
③ 濃縮檸檬汁 20g
④ 草莓酒 20g

香蕉果醬 P.44

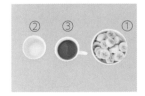

① 熟香蕉 285g
② 砂糖 12g
③ 咖啡酒 70g

綜合莓果果醬 P.46

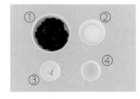

① 綜合莓果 150g
② 細砂糖 70g
③ 覆盆子酒 10g
④ 濃縮檸檬汁 20g

香橙慕斯

P.34

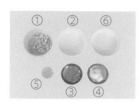

① 白巧克力 60g
② 動物性鮮奶油（1）100g
③ 柳橙果醬 25g
④ 馬斯卡彭乳酪 30g

⑤ 橙酒 2g
⑥ 動物性鮮奶油（2）150g
飲用水適量

狗狗造型棉花糖

P.51

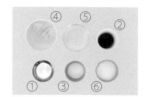

Ⓐ
① 水麥芽 10g
② 紅茶包泡水 30g
③ 細砂糖（1）（與果汁調和）25g
④ 吉利丁片 3 片

Ⓑ ⑤ 蛋白 35g

Ⓒ
⑥ 細砂糖（2）（蛋白打發用）35g
色膏：● 咖啡色（Brown）／耳朵、鼻子
　　　● 黑色（Black）／眼睛
日式太白粉適量

柴犬造型棉花糖

P.56

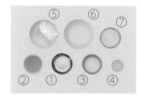

Ⓐ
① 水麥芽 10g
② 濃縮柳橙汁 20g
③ 細砂糖（1）（與果汁調和）25g
④ 橙酒 10g
⑤ 吉利丁片 3 片

Ⓑ
⑥ 蛋白 35g
⑦ 細砂糖（2）（蛋白打發用）35g

Ⓒ
色膏：● 褐色（Copper）／身體
　　　● 黑色（Black）／眼睛
日式太白粉適量

泡澡熊造型棉花糖

P.61

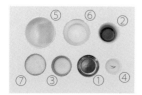

Ⓐ
① 水麥芽 10g
② 濃縮蔓越莓汁 20g
③ 細砂糖（1）（與果汁調和）25g
④ 覆盆子酒 10g
⑤ 吉利丁片 3 片

Ⓑ
⑥ 蛋白 35g
⑦ 細砂糖（2）（蛋白打發用）35g

Ⓒ
色膏：● 紅色（Red（no-taste））＋
　　　● 褐色（Copper）／身體
　　　● 黑色（Black）／眼睛
日式太白粉適量

巧克力杏仁棉花糖

P.66

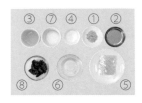

Ⓐ
① 杏仁角適量

Ⓐ
② 水麥芽 10g
③ 檸檬酒 10g
④ 細砂糖（1）（與果汁調和）25g
⑤ 吉利丁片 3 片

Ⓒ
⑥ 蛋白 35g
⑦ 細砂糖（2）（蛋白打發用）35g

Ⓓ ⑧ 黑巧克力 50g

Ⓔ 日式太白粉適量

貓咪造型棉花糖

P.70

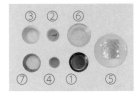

Ⓐ
① 水麥芽 10g
② 濃縮蘋果汁 20g
③ 砂糖 25g
④ 蘭姆酒 10g
⑤ 吉利丁片 3 片

Ⓑ
⑥ 蛋白 35g
⑦ 細砂糖 35g

Ⓒ
色粉：● 竹炭粉／耳朵
色膏：● 黑色（Black）／眼睛
日式太白粉適量

荷包蛋造型棉花糖

P.74

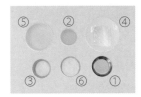

Ⓐ
① 水麥芽 10g
② 檸檬酒 30g
③ 細砂糖（1）（與果汁調和）25g
④ 吉利丁片 3 片

Ⓑ
⑤ 蛋白 35g
⑥ 細砂糖（2）（蛋白打發用）35g

Ⓒ
色膏：● 金黃色（Golden Yellow）
　　／蛋黃
日式太白粉適量

愛心造型棉花糖

P.78

Ⓐ
① 水麥芽 10g
② 濃縮水蜜桃汁 20g
③ 蘭姆酒 10g
④ 細砂糖（1）（與果汁調和）25g
⑤ 吉利丁片 3 片

Ⓑ
⑥ 蛋白 35g
⑦ 細砂糖（2）（蛋白打發用）35g

Ⓒ
色膏：● 紅色（Red（no-taste））
　　／愛心
日式太白粉適量

熊熊造型棉花糖

P.82

A
① 水麥芽 10g
② 濃縮蔓越莓汁 20g
③ 覆盆子酒 10g
④ 細砂糖（1）（與果汁調和）25g
⑤ 吉利丁片 3 片

B
⑥ 蛋白 35g
⑦ 細砂糖（2）（蛋白打發用）35g

C
色膏：● 紅色（Red（no-taste））+
　　　● 褐色（Copper）／身體
　　　● 黑色（Black）／眼睛
日式太白粉適量

喵星人造型棉花糖

P.87

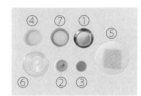

A
① 水麥芽 10g
② 濃縮蘋果汁 20g
③ 蘭姆酒 10g
④ 砂糖 25g
⑤ 吉利丁片 3 片

B
⑥ 蛋白 35g
⑦ 細砂糖 35g

C
色粉：● 竹炭粉／耳朵
色膏：● 黑色（Black）／眼睛
白色和草莓巧克力適量
日式太白粉適量

蝴蝶結造型棉花糖

P.92

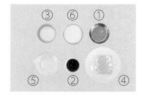

A
① 水麥芽 10g
② 草莓酒 30g
③ 細砂糖（1）（與果汁調和）25g
④ 吉利丁片 3 片

B
⑤ 蛋白 35g
⑥ 細砂糖（2）（蛋白打發用）35g

C
色膏：● 紅色（Red（no-taste））+
　　　● 鵝黃色（Lemon Yellow）
　　　／蝴蝶結
日式太白粉適量

香草戚風蛋糕

P.98

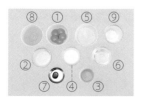

A
① 蛋黃 5 顆
② 細砂糖（1）（麵糊用）26g
③ 液態油 50g
④ 鮮奶 50g
⑤ 低筋麵粉 60g

⑥ 玉米粉 17g
⑦ 香草醬適量

B
⑧ 蛋白 5 顆
⑨ 細砂糖（2）（打發蛋白用）50g

紫芋戚風蛋糕

P.102

(A)
① 蛋黃 5 顆
② 細砂糖（1）（麵糊用）26g
③ 液態油 50g
④ 鮮奶 50g
⑤ 低筋麵粉 60g

⑥ 玉米粉 17g
⑦ 紫芋粉 12g
⑧ 飲用水 36g
(B)
⑨ 蛋白 5 顆
⑩ 細砂糖（2）（打發蛋白用）50g

紅麴戚風蛋糕

P.106

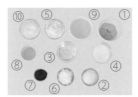

(A)
① 蛋黃 5 顆
② 細砂糖（1）（麵糊用）26g
③ 液態油 50g
④ 鮮奶 50g
⑤ 低筋麵粉 60g

⑥ 玉米粉 17g
⑦ 紅麴粉 12g
⑧ 飲用水 36g
(B)
⑨ 蛋白 5 顆
⑩ 細砂糖（2）（打發蛋白用）50g

抹茶戚風蛋糕

P.110

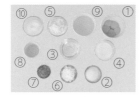

(A)
① 蛋黃 5 顆
② 細砂糖（1）（麵糊用）26g
③ 液態油 50g
④ 鮮奶 50g
⑤ 低筋麵粉 60g

⑥ 玉米粉 17g
⑦ 抹茶粉 12g
⑧ 飲用水 36g
(B)
⑨ 蛋白 5 顆
⑩ 細砂糖（2）（打發蛋白用）50g

可可戚風蛋糕

P.114

(A)
① 蛋黃 5 顆
② 細砂糖（1）（麵糊用）26g
③ 液態油 50g
④ 鮮奶 50g
⑤ 低筋麵粉 60g

⑥ 玉米粉 17g
⑦ 可可粉 12g
⑧ 飲用水 36g
(B)
⑨ 蛋白 5 顆
⑩ 細砂糖（2）（打發蛋白用）50g

果乾戚風蛋糕

P.118

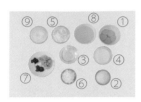

A
① 蛋黃 5 顆
② 細砂糖（1）（麵糊用）26g
③ 液態油 50g
④ 鮮奶 50g
⑤ 低筋麵粉 60g

⑥ 玉米粉 17g
⑦ 各類果乾共 50g
B
⑧ 蛋白 5 顆
⑨ 細砂糖（2）（打發蛋白用）50g

奶茶戚風蛋糕

P.122

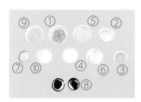

A
① 蛋黃 6 顆
② 細砂糖（1）（麵糊用）30g
③ 液態油 60g
④ 鮮奶 50g
⑤ 低筋麵粉 72g
⑥ 玉米粉 20g

⑦ 濃縮牛乳 50g
⑧ 茶包 2 包
　飲用水 50g
B
⑨ 蛋白 6 顆
⑩ 細砂糖（2）（打發蛋白用）60g

芝麻戚風蛋糕

P.126

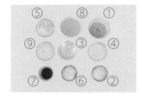

A
① 蛋黃 5 顆
② 細砂糖（1）（麵糊用）26g
③ 液態油 50g
④ 鮮奶 50g
⑤ 低筋麵粉 50g

⑥ 玉米粉 17g
⑦ 芝麻粉 12g
B
⑧ 蛋白 5 顆
⑨ 細砂糖（2）（打發蛋白用）50g

竹炭戚風蛋糕

P.130

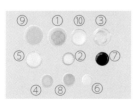

A
① 蛋黃 5 顆
② 細砂糖（1）（麵糊用）26g
③ 液態油 50g
④ 濃縮牛乳 50g
⑤ 低筋麵粉 60g

⑥ 玉米粉 17g
⑦ 竹炭粉 6g
⑧ 飲用水 18g
B
⑨ 蛋白 5 顆
⑩ 細砂糖（2）（打發蛋白用）50g

香橙戚風蛋糕捲

P.136

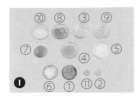

Ｉ 蛋糕體

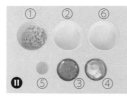

A
① 酒漬橙皮 30g
② 橙酒 20g

B
③ 液態油 70g
④ 濃縮柳橙汁 60g
⑤ 低筋麵粉 50g
⑥ 玉米粉 10g

C
⑦ 全蛋（常溫）2 顆
⑧ 蛋黃 4 顆
⑨ 蛋白 4 顆

D
⑩ 細砂糖 80g
⑪ 濃縮檸檬汁 5c.c

Ⅱ 香橙慕斯內餡

① 白巧克力 60g
② 動物性鮮奶油（1）100g
③ 柳橙果醬 25g
④ 馬斯卡彭乳酪 30g
⑤ 橙酒 2g
⑥ 動物性鮮奶油（2）150g
飲用水適量

Ⅲ 裝飾

酒漬橙皮適量
蔓越莓適量
果乾適量

蔓越莓兔子蛋糕捲

P.144

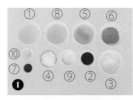

Ｉ 蛋糕體

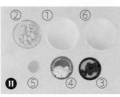

A
① 液態油 70g
② 濃縮蔓越莓汁 80g
③ 低筋麵粉 50g
④ 玉米粉 10g

B
⑤ 全蛋 2 顆
⑥ 蛋黃 4 顆
⑦ 紅麴粉 2g
飲用水 6g

C
⑧ 蛋白 4 顆
⑨ 細砂糖 80g

⑩ 濃縮檸檬汁 5c.c

D 各類巧克力適量

Ⅱ 蔓越莓慕斯內餡

① 動物性鮮奶油（1）100g
② 白巧克力 60g
③ 蔓越莓果醬 25g
④ 馬斯卡彭乳酪 30g
⑤ 橙酒 2g
⑥ 動物性鮮奶油（2）150g

珍珠奶茶戚風蛋糕

P.171

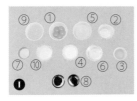

Ｉ 蛋糕體

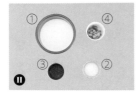

A
① 蛋黃 6 顆
② 細砂糖（1）（麵糊用）30g
③ 液態油 60g
④ 鮮奶 50g
⑤ 低筋麵粉 72g
⑥ 玉米粉 20g
⑦ 濃縮牛乳 50g
⑧ 茶包 2 包
飲用水 50g

B
⑨ 蛋白 6 顆
⑩ 細砂糖（2）（打發蛋白用）60g

Ⅱ 外層裝飾奶油和珍珠

① 動物性鮮奶油 300g
② 細砂糖 30g
③ 茶包 1.5 包
④ 珍珠適量

香蕉造型蛋糕捲

P.153

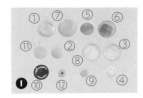
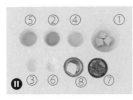

❶ 蛋糕體

Ⓐ
① 液態油 70g
② 濃縮牛乳 80g
③ 低筋麵粉 50g
④ 玉米粉 10g

Ⓑ
⑤ 全蛋（常溫）2 顆
⑥ 蛋黃 4 顆
⑦ 蛋白 4 顆

Ⓒ
⑧ 細砂糖 80g
⑨ 濃縮檸檬汁 5c.c

Ⓓ
⑩ 可可粉適量
⑪ 飲用水適量

⑫ 香草醬少許

❷ 香蕉慕斯內餡

① 香蕉（熟）50g
② 全蛋（常溫）1 顆
③ 玉米粉 5g
④ 濃縮牛乳 37g
⑤ 飲用水 37g
⑥ 砂糖 10g
⑦ 香蕉果醬 50g
⑧ 無鹽發酵奶油 20g

貓咪荷包蛋造型蛋糕

P.184

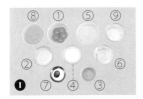
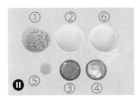
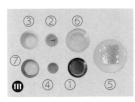
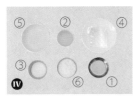

❶ 蛋糕體

Ⓐ
① 蛋黃 5 顆
② 細砂糖（1）（麵糊用）26g
③ 液態油 50g
④ 鮮奶 50g
⑤ 低筋麵粉 60g
⑥ 玉米粉 17g
⑦ 香草醬適量

Ⓑ
⑧ 蛋白 5 顆
⑨ 細砂糖（2）（打發蛋白用）50g

❷ 香橙慕斯內餡

① 白巧克力 60g
② 動物性鮮奶油（1）100g
③ 柳橙果醬 25g
④ 馬斯卡彭乳酪 30g
⑤ 橙酒 2g
⑥ 動物性鮮奶油（2）150g
飲用水適量

❸ 貓咪造型棉花糖

Ⓐ
① 水麥芽 10g
② 濃縮蘋果汁 20g
③ 砂糖 25g
④ 蘭姆酒 10g
⑤ 吉利丁片 3 片

Ⓑ
⑥ 蛋白 35g
⑦ 細砂糖 35g

Ⓒ
色粉：● 竹炭粉／耳朵
色膏：● 黑色（Black）／眼睛
日式太白粉適量

❹ 荷包蛋造型棉花糖

Ⓐ
① 水麥芽 10g
② 檸檬酒 30g
③ 細砂糖（1）（與果汁調和）25g
④ 吉利丁片 3 片

Ⓑ
⑤ 蛋白 35g
⑥ 細砂糖（2）（蛋白打發用）35g

Ⓒ
色膏：● 金黃色（Golden Yellow）
　　　／蛋黃
日式太白粉適量

草莓造型蛋糕捲

P.162

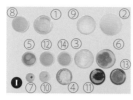
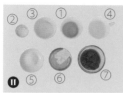

❶ 蛋糕體

Ⓐ
- ① 液態油 70g
- ② 濃縮牛乳 80g
- ③ 低筋麵粉 50g
- ④ 玉米粉 10g
- ⑤ 全蛋（常溫）2 顆

Ⓑ
- ⑥ 蛋黃 4 顆
- ⑦ 香草醬少許
- ⑧ 蛋白 4 顆

Ⓒ
- ⑨ 細砂糖 80g
- ⑩ 濃縮檸檬汁 5c.c

Ⓓ
- ⑪ 紅麴粉適量
- ⑫ 飲用水適量

- ⑬ 抹茶粉適量
- ⑭ 飲用水適量

Ⓔ 白巧克力適量

❷ 草莓慕斯內餡
- ① 全蛋（常溫）1 顆
- ② 玉米粉 5g
- ③ 濃縮牛乳 37g
- ④ 飲用水 37g
- ⑤ 細砂糖 10g
- ⑥ 草莓果醬 75g
- ⑦ 無鹽發酵奶油 20g

3D 立體草莓戚風蛋糕

P.200

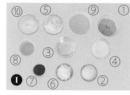
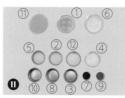

❶ 蛋糕體

Ⓐ
- ① 蛋黃 5 顆
- ② 細砂糖（1）（麵糊用）26g
- ③ 液態油 50g
- ④ 鮮奶 50g
- ⑤ 低筋麵粉 60g
- ⑥ 玉米粉 17g
- ⑦ 可可粉 12g
- ⑧ 飲用水 36g

Ⓑ
- ⑨ 蛋白 5 顆
- ⑩ 細砂糖（2）（打發蛋白用）50g

❷ 裝飾草莓與葉子

Ⓐ
- ① 蛋黃 4 顆
- ② 細砂糖（1）（麵糊用）15g
- ③ 液態油 25g
- ④ 鮮奶 25g
- ⑤ 玉米粉 10g
- ⑥ 低筋麵粉 30g
- ⑦ 紅麴粉 3g
- ⑧ 飲用水（紅麴粉用）9g
- ⑨ 抹茶粉 3g
- ⑩ 飲用水（抹茶粉用）9g

Ⓒ
- ⑪ 蛋白 4 顆
- ⑫ 細砂糖（2）（打發蛋白用）40g

Ⓓ 白色和草莓巧克力適量

❸ 藍莓奶凍內餡
- ① 動物性鮮奶油 100g
- ② 馬斯卡彭乳酪 120g
- ③ 藍莓果醬 100g
- ④ 吉利丁片 2 片
- ⑤ 濃縮檸檬汁 10g

小花圈造型蛋糕

P.177

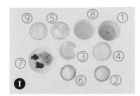
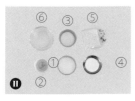
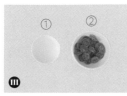

Ⅰ 蛋糕體

Ⓐ
① 蛋黃 5 顆
② 細砂糖（1）（麵糊用）26g
③ 液態油 50g
④ 鮮奶 50g
⑤ 低筋麵粉 60g
⑥ 玉米粉 17g
⑦ 各類果乾共 50g

Ⓑ
⑧ 蛋白 5 顆
⑨ 細砂糖（2）（打發蛋白用）50g

③ 砂糖 25g
④ 吉利丁片 3 片
蘋果酒 10g

Ⓑ
⑤ 蛋白 35g
⑥ 細砂糖 35g

Ⓒ
色膏：● 紅色（Red（no-taste））
白色和草莓巧克力適量

Ⅱ 內餡棉花糖和巧克力花瓣

Ⓐ
① 水麥芽 10g
② 濃縮蘋果汁 20g

Ⅲ 樹枝

① 動物性鮮奶油 50g
② 黑巧克力 100g

豬玩泥巴造型戚風蛋糕

P.225

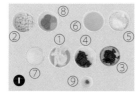
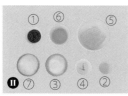
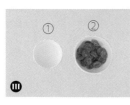

Ⅰ 蛋糕體

Ⓐ
① 無鹽發酵奶油 220g
② 白巧克力 110g
③ 蔓越莓果醬 80g
④ 覆盆子果乾 80g
⑤ 低筋麵粉 130g

Ⓑ
⑥ 蛋白 6 顆
⑦ 細砂糖 75g

Ⓒ
⑧ 蛋黃 5 顆
⑨ 覆盆子酒 20g

Ⓓ 色膏：● 紅色（Red（no-taste））

③ 細砂糖（1）（與果汁調和）25g
④ 覆盆子酒 10g
⑤ 吉利丁片 3 片

Ⓑ
⑥ 蛋白 35g
⑦ 細砂糖（2）（蛋白打發用）35g

Ⓒ
色膏：● 紅色（Red（no-taste））+
　　　● 褐色（Copper）／身體
　　　● 黑色（Black）／眼睛
日式太白粉適量

Ⅱ 小豬造型棉花糖

Ⓐ
① 濃縮蔓越莓汁 20g
② 水麥芽 10g

Ⅲ 甘乃許淋醬

① 動物性鮮奶油 50g
② 黑巧克力 100g

熊愛泡澡造型蛋糕

P.235

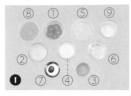
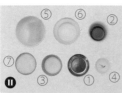
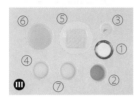

❶ 蛋糕體

Ⓐ
① 蛋黃 5 顆
② 細砂糖（1）（麵糊用）26g
③ 液態油 50g
④ 鮮奶 50g
⑤ 低筋麵粉 60g
⑥ 玉米粉 17g
⑦ 香草醬適量

Ⓑ
⑧ 蛋白 5 顆
⑨ 細砂糖（2）（打發蛋白用）50g

Ⓒ
色膏：● 紅色（Red（no-taste））+
　　　● 褐色（Copper）／身體
　　　● 黑色（Black）／眼睛

Ⓓ
食用色粉 5g
日式太白粉適量

❷ 泡澡熊棉花糖

Ⓐ
① 水麥芽 10g
② 濃縮蔓越莓汁 20g
③ 細砂糖（1）（與果汁調和）25g
④ 覆盆子酒 10g
⑤ 吉利丁片 3 片

Ⓑ
⑥ 蛋白 35g
⑦ 細砂糖（2）（蛋白打發用）35g

❸ 泡澡水 + 泡澡石棉花糖

Ⓐ
① 水麥芽 10g
② 濃縮柳橙汁 20g
③ 橙酒 10g
④ 細砂糖（1）（與果汁調和）25g
⑤ 吉利丁片 3 片

Ⓑ
⑥ 蛋白 35g
⑦ 細砂糖（2）（蛋白打發用）35g

Ⓒ
色膏：● 蒂芬妮綠色（Teal）／水
日式太白粉適量

3D 立體喵星人造型蛋糕

P.246

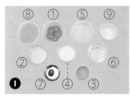
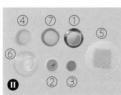
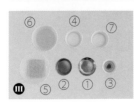

❶ 蛋糕體

Ⓐ
① 蛋黃 5 顆
② 細砂糖（1）（麵糊用）26g
③ 液態油 50g
④ 鮮奶 50g
⑤ 低筋麵粉 60g
⑥ 玉米粉 17g
⑦ 香草醬適量

Ⓑ
⑧ 蛋白 5 顆
⑨ 細砂糖（2）（打發蛋白用）50g

Ⓒ
色粉：● 竹炭粉／耳朵
色膏：● 黑色（Black）／眼睛
白色和草莓巧克力適量
日式太白粉適量

❷ 喵星人造型棉花糖

Ⓐ
① 水麥芽 10g
② 濃縮蘋果汁 20g
③ 蘭姆酒 10g
④ 砂糖 25g
⑤ 吉利丁片 3 片

Ⓑ
⑥ 蛋白 35g
⑦ 細砂糖 35g

❸ 棉被造型棉花糖

Ⓐ
① 水麥芽 10g
② 濃縮蘋果汁 20g
③ 蘭姆酒 10g
④ 砂糖 25g
⑤ 吉利丁片 3 片

Ⓑ
⑥ 蛋白 35g
⑦ 細砂糖 35g

Ⓒ
色膏：● 紅色（Red（no-taste））／
　　　棉被
日式太白粉適量

藍莓巧克力戚風蛋糕

P.196

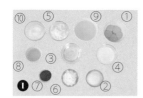

Ⅰ 蛋糕體

Ⓐ
① 蛋黃 5 顆
② 細砂糖（1）（麵糊用）26g
③ 液態油 50g
④ 鮮奶 50g
⑤ 低筋麵粉 60g
⑥ 玉米粉 17g
⑦ 可可粉 12g
⑧ 飲用水 36g

Ⓑ
⑨ 蛋白 5 顆
⑩ 細砂糖（2）（打發蛋白用）50g

Ⅱ 裝飾材料

① 防潮糖粉適量
② 乾燥花適量
③ 薄荷葉適量

玫瑰蛋糕

P.211

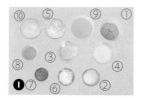

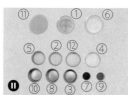

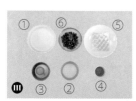

Ⅰ 蛋糕體

Ⓐ
① 蛋黃 5 顆
② 細砂糖（1）（麵糊用）26g
③ 液態油 50g
④ 鮮奶 50g
⑤ 低筋麵粉 60g
⑥ 玉米粉 17g
⑦ 抹茶粉 12g
⑧ 飲用水 36g

Ⓑ
⑨ 蛋白 5 顆
⑩ 細砂糖（2）（打發蛋白用）50g

Ⅱ 玫瑰花與葉子

Ⓐ
① 蛋黃 4 顆
② 細砂糖（1）（麵糊用）15g
③ 液態油 25g
④ 鮮奶 25g
⑤ 玉米粉 10g
⑥ 低筋麵粉 30g

Ⓑ
⑦ 紅麴粉 5g
⑧ 飲用水（紅麴粉用）15g
⑨ 抹茶粉 5g
⑩ 飲用水（抹茶粉用）15g

Ⓒ
⑪ 蛋白 4 顆
⑫ 細砂糖（2）（打發蛋白用）40g

Ⅲ 抹茶紅豆慕斯內餡

① 動物性鮮奶油 150g
② 細砂糖 30g
③ 全蛋 1 顆
④ 抹茶粉 5g
⑤ 吉利丁片 2 片
⑥ 紅豆餡 60g

Ⅳ 裝飾棉花糖

Ⓐ
① 水麥芽 10g
② 濃縮蔓越莓汁 20g
③ 覆盆子酒 10g
④ 細砂糖（1）（與果汁調和）25g
⑤ 吉利丁片 3 片

Ⓑ
⑥ 蛋白 35g
⑦ 細砂糖（2）（蛋白打發用）35g

Ⓒ
色膏：● 紅色（Red（no-taste））／裝飾棉花糖

Ⅴ 小花瓣

白色和草莓巧克力適量

小豬玩泥巴造型蛋糕

P.257

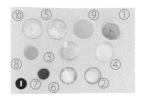
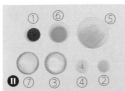
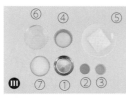
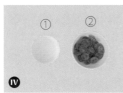

Ⓘ 蛋糕體

Ⓐ
① 蛋黃 5 顆
② 細砂糖（1）（麵糊用）26g
③ 液態油 50g
④ 鮮奶 50g
⑤ 低筋麵粉 60g
⑥ 玉米粉 17g
⑦ 可可粉 12g
⑧ 飲用水 36g

Ⓑ
⑨ 蛋白 5 顆
⑩ 細砂糖（2）（打發蛋白用）50g

Ⓘ 小豬造型棉花糖

Ⓐ
① 濃縮蔓越莓汁 20g
② 水麥芽 10g
③ 細砂糖（1）（與果汁調和）25g
④ 覆盆子酒 10g
⑤ 吉利丁片 3 片

Ⓑ
⑥ 蛋白 35g
⑦ 細砂糖（2）（蛋白打發用）35g

Ⓒ
色膏：● 紅色（Red（no-taste））+
　　　● 褐色（Copper）／身體
　　　● 黑色（Black）／眼睛

日式太白粉適量

Ⓘ 裝飾棉花糖

Ⓐ
① 水麥芽 10g
② 濃縮水蜜桃汁 20g
③ 蘭姆酒 10g
④ 細砂糖（1）（與果汁調和）25g
⑤ 吉利丁片 3 片

Ⓑ
⑥ 蛋白 35g
⑦ 細砂糖（2）（蛋白打發用）35g

Ⓒ
色膏：● 紅色（Red（no-taste））／
　　　裝飾棉花糖

Ⓥ 甘乃許內餡
① 動物性鮮奶油 50g
② 黑巧克力 100g

Ⓥ 巧克力花瓣
白色和草莓巧克力適量

柴犬造型棉花糖與馬卡龍夾餡牛軋糖

P.269

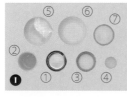
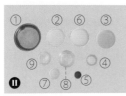

Ⓘ 柴犬造型棉花糖

Ⓐ
① 水麥芽 10g
② 濃縮柳橙汁 20g
③ 細砂糖（1）（與果汁調和）25g
④ 橙酒 10g
⑤ 吉利丁片 3 片

Ⓑ
⑥ 蛋白 35g
⑦ 細砂糖（2）（蛋白打發用）35g

Ⓒ
色膏：● 褐色（Copper）／身體
　　　● 黑色（Black）／眼睛
日式太白粉適量

Ⓘ 骨頭馬卡龍

Ⓐ
① 杏仁粉 138g
② 純糖粉 150g

Ⓑ
③ 蛋白（1）（麵糊用）55g
④ 低筋麵粉 8g
⑤ 抹茶粉 5g

Ⓒ
⑥ 砂糖（1）（糖水製作）157g
⑦ 飲用水 45g
⑧ 蛋白（2）（馬卡龍製作）64g
⑨ 砂糖（2）（馬卡龍製作）20g

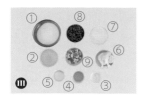

Ⅲ 牛軋糖

① 水麥芽 366g
② 細砂糖（1）（糖漿製作用）90g
③ 鹽 2g
④ 蛋白 33g
⑤ 細砂糖（2）（混合蛋白用）57g

⑥ 奶油 60g
⑦ 奶粉 60g
⑧ 杏仁 100g
⑨ 碎馬卡龍 60g

戚風慕斯蛋糕

P.279

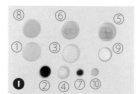

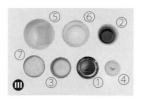

Ⅰ 蛋糕體

① 液態油 70g
② 濃縮蔓越莓汁 80g
③ 低筋麵粉 50g
④ 玉米粉 10g
Ⓐ ⑤ 蛋黃 4 顆
⑥ 全蛋（常溫）2 顆
⑦ 紅麴粉 5g
　飲用水 15g
⑧ 蛋白 4 顆
Ⓑ ⑨ 細砂糖 80g
⑩ 濃縮檸檬汁 5c.c

Ⅱ 蔓越莓慕斯內餡

① 動物性鮮奶油（1）100g
② 白巧克力 60g
③ 蔓越莓果醬 25g
④ 馬斯卡彭乳酪 30g
⑤ 橙酒 2g
⑥ 動物性鮮奶油（2）150g

Ⅲ 裝飾棉花糖

① 水麥芽 10g
② 濃縮蔓越莓汁 20g
Ⓐ ③ 細砂糖（1）（與果汁調和）25g
④ 覆盆子酒 10g
⑤ 吉利丁片 3 片
Ⓑ ⑥ 蛋白 35g
⑦ 細砂糖（2）（蛋白打發用）35g
Ⓒ 色膏：● 紅色（Red（no-taste））／
　　　　裝飾棉花糖

Ⅳ 香緹奶油

① 動物性鮮奶油 300g
② 細砂糖 10g

Ⅴ 裝飾

白色和草莓巧克力適量
蔓越莓一串
葡萄數顆

Special Thanks 感 謝 的 話

感謝果漾莊園、白美娜及東方聚利食品有限公司提供工具及食材，協助本書研發造型蛋糕使用。

超療癒
造型甜點

⊹ 棉花糖小動物 × 造型戚風蛋糕 ⊹

書　　　名	超療癒造型甜點： 棉花糖小動物 × 造型戚風蛋糕
作　　　者	Even（林憶雯）
發 行 人	程顯灝
總 企 劃	盧美娜
編　　　輯	譽緻國際美學企業社・陳侚伃
美　　　編	譽緻國際美學企業社・羅光宇
攝　　　影	艾琳諾文創藝術工作室・王隼人

藝文空間	三友藝文複合空間
地　　　址	106 台北市大安區安和路 2 段 213 號 9 樓
電　　　話	（02）2377-1163

初　　　版　2018 年 6 月
定　　　價　新臺幣 480 元
Ｉ Ｓ Ｂ Ｎ　978-986-364-123-0（平裝）

國家圖書館出版品預行編目 (CIP) 資料

超療癒造型甜點：棉花糖小動物 x 造型
戚風蛋糕 / Even（林憶雯）作 .-- 初版 .--
臺北市：橘子文化 , 2018.06
　　面；　公分
　　ISBN 978-986-364-123-0(平裝)

1. 點心食譜

427.16　　　　　　　　　　107008594

發 行 部	侯莉莉
出 版 者	橘子文化事業有限公司
總 代 理	三友圖書有限公司
地　　　址	106 台北市安和路 2 段 213 號 4 樓
電　　　話	（02）2377-4155
傳　　　眞	（02）2377-4355
E - m a i l	service@sanyau.com.tw
郵政劃撥	05844889 三友圖書有限公司

總 經 銷	大和書報圖書股份有限公司
地　　　址	新北市新莊區五工五路 2 號
電　　　話	（02）8990-2588
傳　　　眞	（02）2299-7900

http://www.ju-zi.com.tw
三友圖書
友直 友諒 友多聞

三友官網　　　三友 Line@